JN234534

東海大学出版会

**Introduction to Computer Architecture**
by Takashi OYABU
Tokai University Press, 2000.
ISBN4-486-01509-6

# まえがき

　現代は情報化社会の大きな変革の波の中にさらされている．これらの変革に対してはコンピュータが大きく係わってきた．また，コンピュータの進歩もこの一翼を担い，我々の生活スタイルや労働形態も変わりつつある．コンピュータがはじめて開発された頃は，科学技術計算を速く正確に行うための道具として用いられた．しかしながら，最近の利用分野は，事務処理を含むオフィス業務一般，研究開発支援，生産ライン等の制御・管理と拡大してきている．また，通信回線を利用した VAN 等のさまざまなサービスが行われるようになり，情報には時間や地域の隔たりが無くなろうとしている．これにより，高度情報社会と呼ぶにふさわしい社会が形成されつつある．さらに，インターネットの原形が 1969 年にアメリカ国防総省により開発されてから，社会構造までもが変化しつつある．

　コンピュータは企業ばかりでなく一般家庭でも利用されるようになり，コンピュータ・アーキテクチャとネットワーク・アーキテクチャの知識はコンピュータを専門としない人にも必要不可欠のものとなってきた．

　著者は長い間，短期大学や大学の情報処理教育に携わってきた．中でも「電子計算機概論」や「情報科学」を中心に担当し，大学教養部や文科系の専門課程でのコンピュータ教育のあり方について検討してきた．本書はそれらをまとめたものであり，かつ，通産省主催の基本情報処理技術者試験のハードウェアと通信ネットワーク部門に合格できるように配慮してある．また，さまざまな業種の企業もあらゆる部門をコンピュータ化しようとする要望が強く，社員のコンピュータ理解度を高めようと自己啓発を推進してきている．このような要望に応えるためにも本書をまとめたものである．

　第 1 章では，ハードウェアとソフトウェアの関係について述べ，コンピュータとはどのような条件を満たすものであるかについて，わかりやすくまとめてある．また，コンピュータの歴史について述べ，今後のコンピュータのあり方について説明してある．

第2章では，コンピュータを構成する装置とコンピュータシステムについて述べ，プログラム開発手順やコンピュータシステムを動かしているオペレーティングシステムについて説明してある．

　第3章では，コンピュータ内で用いられるプログラムやデータの表現方法について述べてある．また，それらの基本となる2進数，8進数，16進数についても触れている．

　第4章では，2進数を処理する論理回路の概要について述べている．また，論理回路を数学的に表すブール代数についても説明してある．

　第5章では，コンピュータシステムを構成する各装置の動作を詳細に述べている．また，処理スピードやコストとの兼ね合いから装置の特徴を示す．本章により，読者はコンピュータの動作原理を身近に感じるものと思われる．

　第6章では，データ通信の概要とそのシステム構成について述べるとともに，最近手軽に行われつつあるインターネットの詳細について述べている．

　第7章では，コンピュータシステムの構成方法として基本的な4つの方式を述べている．また，これらの信頼性や稼働率についても述べている．

　第8章では，ハードウェアに最も近い言語であるアセンブリ言語を用いてコンピュータ内部の動作を示す．アセンブリ言語は機種やメーカによって異なるが，通産省主催・情報処理技術者試験に出題される"CASL"を用いて説明している．

　本書は大学や短期大学，専門学校における教科書として，また，一般社会人のコンピュータ参考書として執筆したものである．これらの方々のお役に立てれば幸いである．本書は，読者諸兄が理解しやすいように図を豊富に取り入れる努力をして書いたつもりであるが，独断や思い違い，さらに文章構成その他の点で多々不備な点があるものと思われる．御批判，御叱正をいただければ幸いである．

　本書執筆にあたり数多くの文献を参考にさせていただいた．著者の方々に心から御礼申し上げる．また，本書の刊行に熱心に努力していただいた東海大学出版会・小野朋昭氏に心から謝意を表するものである．

　1999年12月

大薮多可志

# 目次

**第1章 コンピュータ概論** ———————————————— 1
  1.1 コンピュータとは ……………………………………………… 1
    1.1.1 アナログとデジタル ……………………………………… 2
    1.1.2 プログラム言語 …………………………………………… 3
  1.2 ハードウェアとソフトウェア ………………………………… 6
  1.3 コンピュータの歴史 …………………………………………… 8
    1.3.1 第1世代以前 ……………………………………………… 8
    1.3.2 第1世代 …………………………………………………… 10
    1.3.3 第2世代 …………………………………………………… 11
    1.3.4 第3世代 …………………………………………………… 11
    1.3.5 第3.5世代 ………………………………………………… 12
    1.3.6 第4世代 …………………………………………………… 12
    1.3.7 第5世代 …………………………………………………… 12
  演習問題 ……………………………………………………………… 15

**第2章 コンピュータの構成と処理手順** ———————————— 17
  2.1 コンピュータシステム ………………………………………… 17
    2.1.1 5大機能 …………………………………………………… 17
    2.1.2 コンピュータの種類 ……………………………………… 19
  2.2 問題処理手順 …………………………………………………… 21
    2.2.1 ライフサイクル …………………………………………… 21
    2.2.2 要求と目標 ………………………………………………… 22
    2.2.3 プログラム設計 …………………………………………… 22
    2.2.4 運用と保守 ………………………………………………… 24
  2.3 プログラムの作成過程 ………………………………………… 24
  2.4 オペレーティングシステム …………………………………… 26
    2.4.1 オペレーティングシステムの定義 ……………………… 26
    2.4.2 オペレーティングシステムの構成 ……………………… 27

演習問題 …………………………………………………………………………29

## 第3章 情報の表現 ———————————————————————31
### 3.1 数の表現 ……………………………………………………………32
- 3.1.1 2進数 ………………………………………………………33
- 3.1.2 8進数と16進数 ……………………………………………36
- 3.1.3 補数 …………………………………………………………38
- 3.1.4 四則演算 ……………………………………………………39

### 3.2 数値データの表現 …………………………………………………42
- 3.2.1 2進数値データ ……………………………………………42
- 3.2.2 10進数値データ ……………………………………………45

### 3.3 文字データの表現 …………………………………………………47
### 3.4 論理データ ……………………………………………………………50
### 3.5 コードの誤り検出と訂正 …………………………………………51
- 3.5.1 奇偶検査 ……………………………………………………51
- 3.5.2 サイクリックチェック ……………………………………52

演習問題 …………………………………………………………………………54

## 第4章 論理回路 ———————————————————————————59
### 4.1 ブール代数 ……………………………………………………………59
### 4.2 ベン図とカルノー図 …………………………………………………62
### 4.3 論理素子と論理記号 …………………………………………………68
### 4.4 半加算器と全加算器 …………………………………………………73
### 4.5 組み合せ回路 …………………………………………………………74
- 4.5.1 一致回路 ……………………………………………………76
- 4.5.2 エンコーダ …………………………………………………76
- 4.5.3 デコーダ ……………………………………………………78

### 4.6 順序回路 ………………………………………………………………80
- 4.6.1 フリップ・フロップ ………………………………………81
- 4.6.2 レジスタ ……………………………………………………84
- 4.6.3 シフトレジスタ ……………………………………………84
- 4.6.4 2進カウンタ ………………………………………………86

演習問題 …………………………………………………………………………86

## 第5章 コンピュータの組織─────────91
- 5.1 中央処理装置 …………………………………………91
- 5.2 アドレス指定 …………………………………………96
  - 5.2.1 即値アドレス ……………………………………96
  - 5.2.2 直接アドレス指定 ………………………………97
  - 5.2.3 間接アドレス指定 ………………………………97
  - 5.2.4 レジスタ・アドレス指定 ………………………97
  - 5.2.5 指標アドレス指定 ………………………………98
  - 5.2.6 自己相対アドレス指定 …………………………98
  - 5.2.7 ベース・アドレス指定 …………………………99
- 5.3 主記憶装置 ……………………………………………102
  - 5.3.1 主記憶装置の役割 ………………………………102
  - 5.3.2 半導体メモリ ……………………………………103
  - 5.3.3 その他のメモリ …………………………………106
  - 5.3.4 主記憶装置の動作 ………………………………107
- 演習問題Ⅰ …………………………………………………110
- 5.4 補助記憶装置 …………………………………………113
  - 5.4.1 順編成ファイルと直接編成ファイル …………113
  - 5.4.2 磁気テープ装置 …………………………………114
  - 5.4.3 磁気ディスク装置 ………………………………119
  - 5.4.4 フレキシィブルディスク装置 …………………122
  - 5.4.5 光ディスク ………………………………………124
  - 5.4.6 記憶階層 …………………………………………126
- 演習問題Ⅱ …………………………………………………127
- 5.5 入出力装置 ……………………………………………129
  - 5.5.1 光学文字読み取り装置 …………………………130
  - 5.5.2 印字装置 …………………………………………131
  - 5.5.3 ディスプレイ装置 ………………………………133
  - 5.5.4 磁気インク文字読み取り装置 …………………136
  - 5.5.5 XYプロッタ ……………………………………136
  - 5.5.6 POS端末 …………………………………………136
  - 5.5.7 音声応答装置 ……………………………………138
- 5.6 チャネル ………………………………………………138

演習問題III ……………………………………………………………………………140

# 第6章　データ通信 ——————————————————————141

## 6.1　データ通信の歴史 …………………………………………………142
## 6.2　システム構成………………………………………………………143
## 6.3　通信回線 ……………………………………………………………146
### 6.3.1　回線の利用形態 ………………………………………………146
### 6.3.2　回線構成 ………………………………………………………147
### 6.3.3　交換方式 ………………………………………………………148
## 6.4　ローカル・エリア・ネットワーク ………………………………150
## 6.5　ネットワーク制御 …………………………………………………154
## 6.6　パソコン通信………………………………………………………157
### 6.6.1　パソコン通信の原理 …………………………………………158
### 6.6.2　モデム …………………………………………………………159
### 6.6.3　RS-232C ケーブル ……………………………………………159
## 6.7　インターネット ……………………………………………………161
### 6.7.1　IP アドレスと DNS ……………………………………………162
### 6.7.2　WWW …………………………………………………………164
### 6.7.3　インターネットの接続とプロトコル階層 …………………165
### 6.7.4　インターネットのアドレス …………………………………166
### 6.7.5　SMTP サーバと POP3 サーバ ………………………………168
## 演習問題 …………………………………………………………………170

# 第7章　ハードウェアシステムの利用形態 ——————————————173

## 7.1　オンラインシステム ………………………………………………173
### 7.1.1　シンプレックスシステム ……………………………………174
### 7.1.2　デュプレックスシステム ……………………………………174
### 7.1.3　デュアルシステム ……………………………………………174
### 7.1.4　マルチプロセッサシステム …………………………………175
### 7.1.5　タンデムシステム ……………………………………………176
## 7.2　性能と信頼性………………………………………………………176
## 7.3　データ処理方式 ……………………………………………………179
### 7.3.1　バッチ処理 ……………………………………………………179
### 7.3.2　オンライン・リアルタイム処理 ……………………………180

|       | 7.3.3　タイム・シェアリング処理 | 180 |
|---|---|---|
|       | 7.3.4　分散処理 | 181 |
| 演習問題 | | 182 |

## 第8章　仮想コンピュータ COMET —— 185

- 8.1　COMET の構成 …… 185
  - 8.1.1　主な仕様 …… 185
  - 8.1.2　レジスタ …… 188
  - 8.1.3　スタック …… 189
- 8.2　CASL 命令 …… 192
  - 8.2.1　疑似命令とマクロ命令 …… 192
  - 8.2.2　機械語命令 …… 193
- 8.3　命令の実行制御 …… 199
- 演習問題 …… 199

## 付　録　アセンブラ言語の仕様 —— 203

- 1　ハードウェア COMET の仕様 …… 203
- 2　アセンブラ言語 CASL の仕様 …… 207
- 3　CASL 利用の手引き …… 210
- 4　ハードウェア COMET の拡張仕様 …… 211
- 5　アセンブラ言語 CASL の拡張仕様 …… 214
- 6　アセンブラの機能拡張 …… 215
- 7　リンカ CASLLINK の仕様 …… 215

## 問題の解答 —— 217
## 演習問題の解答 —— 221
## 参考文献 —— 223
## 事項索引 —— 225

# 第1章

# コンピュータ概論

初期のコンピュータは軍事的要求とともに発展してきた．たとえば，世界で最初のコンピュータは ENIAC と名付けられ 1946 年に完成した．この電子計算機はアメリカ陸軍の弾道研究所に設置され，発射された弾丸が空中を通るときに描く軌跡を求めたりするのに使用された．その後，事務処理にも用いられ，各種のニーズが生まれた．

コンピュータが開発されてから半世紀以上経過し，事務処理に使用されて以来，我々の生活に無くてはならないものとなってきている．このように急激に発展し人間社会に浸透してきたコンピュータとはいかなるものであるかを知ることは非常に重要である．本章では，コンピュータの概要と歴史等について述べる．

## 1.1 コンピュータとは

コンピュータ（computer）は電子計算機とも呼ばれ，情報処理を行う道具（tool）である．情報（information）の定義は非常に難しいが，数字や文字，電圧や電流の電気信号，図形等の人間が生活し行動する上で意味のあるものといえる．企業においては，大量の情報を収集し，その中から必要な情報を選び出したり，加工したりして経営戦略に活かされている．この情報の収集，分析，統合，加工を情報処理（information processing）という．

人間も常に情報処理を行い行動している．情報処理の機構において，人間とコンピュータは非常によく似ている．たとえば図 1.1 に示すように，人間が 5 + 3 − 2 = 6 を計算することを考える．まず，数字の 5 を目から頭脳に入力

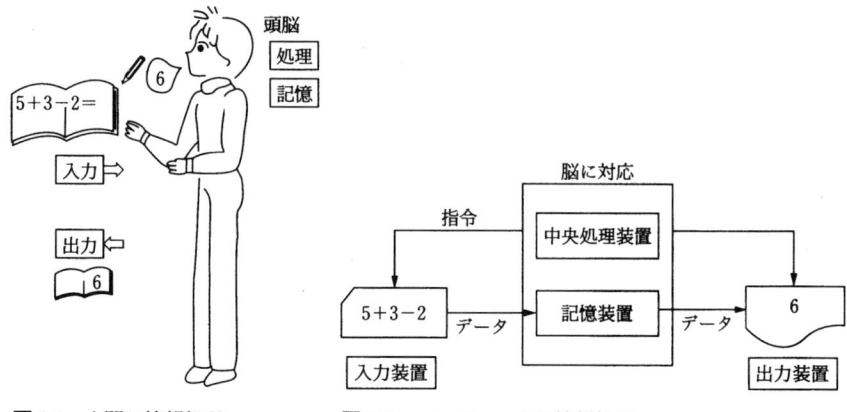

**図1.1** 人間の情報処理　　**図1.2** コンピュータの情報処理

し一時記憶する．次に3を入力し，記憶していた5と加えた結果の8を記憶しておく．さらに2を入力し8から引き，結果である6を口から声に出したり手で書いたりして出力する．ここで，足したり引いたりする演算が処理である．

　コンピュータの場合も同様の処理過程を経て結果が出力される．図1.2にそれを示す．入力装置より，⑤，③，②というデータが入力され，さらにどのような演算を行うかも入力される．それらは一度記憶され，人間の頭脳に相当する中央処理装置の管理のもとに演算され，結果が記憶装置に置かれ出力される．

　人間とコンピュータを比較して異なる点は，コンピュータの計算スピードは人間に比べて1000万倍以上速く正確であることである．すなわち，大量データの処理に向いている．しかしながら，まだ学習したり，創造したりする能力に欠けている．また，勘をはたらかせることができるコンピュータは今のところできていない．今後このような面での開発がなされていくものと思われる．

### 1.1.1　アナログとデジタル

コンピュータには，大別して次の3つの種類がある．
① アナログ型
② デジタル型
③ ハイブリッド型

アナログ（analog）型は，電圧とか電流のように連続的に変化するアナロ

(a) アナログ型　　(b) デジタル型

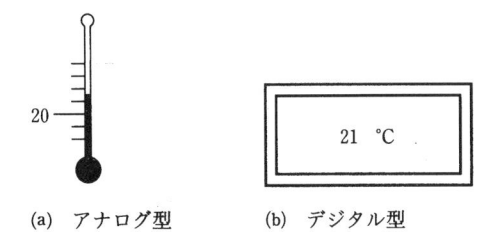

図 1.3　温度計

グ量を取り扱う計算機である．アナログとは相似（analogy）という意味である．デジタル（digital）型は，数字や文字，記号が符号化された離散的な量を取り扱う．デジタルとは指という意味があり，離散的という意味である．一例を図 1.3 に示す．図に示すように，(a)のアナログ型と(b)のデジタル型の 2 種類の温度計が混在して広く用いられている．(a)の場合，その量は連続的に変化するが，(b)の場合は 21°C の次は 22°C であり，21 から 22 に不連続に変わる．この意味で(a)はアナログ型であり，(b)はデジタル型である．デジタル型でもう少し精度を上げて，21.564°C と小数点以下 3 桁まで表示させたいとき，電子回路の桁数を増やせばよい．(a)の寒暖計でこの精度を持たせる場合は非常に長いものが必要となる．桁数が増えるとほとんど不可能である．このため，デジタル型は不連続量を扱っているが一般に精度が高い．アナログとデジタルの両方の情報量を取り扱うことができる計算機がハイブリッド（hybrid）型である．腕時計でも，針により時刻を示すアナログ型と数値で表示するデジタル型があり，両方が 1 個の時計にあるものをハイブリッド型という．

　一般にコンピュータというとデジタル型を意味する．

### 1.1.2　プログラム言語

　コンピュータで情報処理を行うには，その処理する手順をあらかじめコンピュータに与えておく必要がある．この処理手順の 1 つ 1 つを命令（instruction）という．この命令の集まりをプログラム（program）といい，プログラムを作成することをプログラミング（programming）という．コンピュータにおいては，プログラムが前もって記憶され，スタートボタンを押すことにより自動的にその 1 つ 1 つの命令が実行され処理されていく．このように，あら

かじめコンピュータに，処理のためのプログラムを覚え込ませておく方式をプログラム内蔵（stored program）方式という．これは，1945年にアメリカの数学者フォン・ノイマン（J. Von Neumann, 1903-1957）が提唱した方式であり，現在でもこの方式が主流である．

　人間が使用している言語に日本語，英語，フランス語といろいろな言語があるように，プログラム言語にも種々のものがある．それらを分類すると次のようになる．

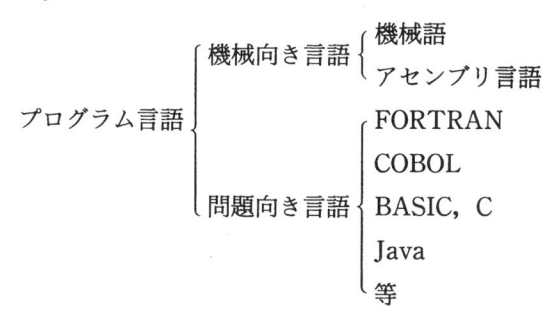

$$
\text{プログラム言語}\begin{cases}\text{機械向き言語}\begin{cases}\text{機械語}\\ \text{アセンブリ言語}\end{cases}\\ \text{問題向き言語}\begin{cases}\text{FORTRAN}\\ \text{COBOL}\\ \text{BASIC, C}\\ \text{Java}\\ \text{等}\end{cases}\end{cases}
$$

　機械語は2進数により構成されている．2進数とは0と1の集まりにより文字や数値を表す方法である．たとえば，Aという文字を「01000001」と表す．これを符号とかコード（code）という．初期のコンピュータのプログラム言語は機械語のみが用いられた．機械語はこのコード化された数字によりプログラムが記述されているので，プログラム作りは非常に困難であり，ごく一部の専門家のみが作成することができた．また，機械が異なるとそのコードが異なり面倒であった．これらの欠点を解決するためにアセンブリ言語が生まれた．アセンブリ言語は命令や番地，定数を記号化して表現することができる．たとえば図1.4に示すように，機械語の減算命令のコードがSUB（SUBtract）と英語の略記となった．この記号は機械により多少異なっている．アセンブリ言語は機械語と1対1に対応しているが，数十～数百の機械語命令に対応するマクロ（macro）命令もある．このため，機械語とかアセンブリ言語を機械向き

| 00100001 | 機械語 |
|---|---|
| SUB | アセンブリ命令 |

図1.4　機械語とアセンブリ言語

言語という．
　機械向き言語は，プログラムを作る場合や修正するとき，わかりにくく難しいために非常に時間がかかる．このため，我々が日常使用している数式や形式でプログラミングできないかと検討された．その結果，考えられたのが問題向き言語である．問題向き言語はコンピュータのメーカや機種によらない，機械語とは独立した言語である．問題向き言語には，科学技術計算用の FORTRAN (FORmula TRANslation)，事務処理用の COBOL (COmmon Business Oriented Language)，科学技術計算と事務処理の両方ができるよう開発された PL/I (Programming Language I) 等がある．さらにパソコン用の会話型プログラミング言語として BASIC，ワーク・ステーション (work station) 用言語として C そして C++ などが普及してきている．これらは標準化されており，メーカや機種に依存しない．しかしながら，コンピュータが実際に処理するときに，理解できる命令は機械語 (machine language) のみである．このため，これらの言語で書かれたプログラムは，コンピュータが実行できるように機械語に翻訳してやらなければならない．これをコンパイル (compile) といい，コンパイルするプログラムをコンパイラ (compiler) という．これを図1.5に示す．以上のことから，問題向き言語をコンパイラ言語とか高水準言語という．
　アセンブリ言語も機械語に翻訳される．これをアセンブル (assemble) といい，そのプログラムをアセンブラ (assembler) という．この関係を図1.6に示す．また，機械語以外の言語を原始言語 (source language) といい，原始言語で書かれたプログラムをソース・プログラム (source program) という．機械語に翻訳されたプログラムを目的プログラム (object program) という．

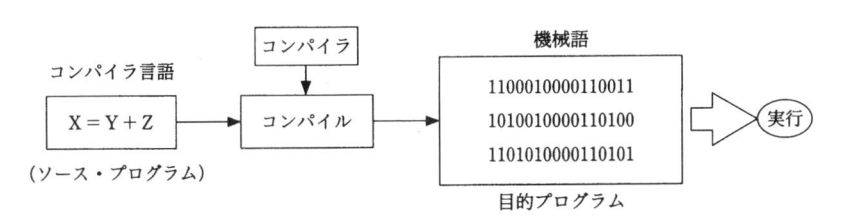

図1.5　コンパイル

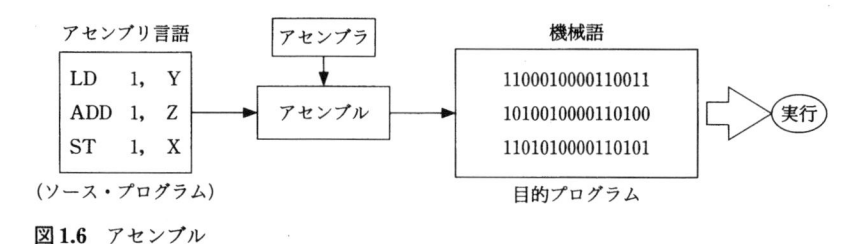

```
アセンブリ言語        アセンブラ        機械語
LD   1, Y                          1100010000110011
ADD  1, Z         アセンブル        1010010000110100   ⇒ 実行
ST   1, X                          1101010000110101

(ソース・プログラム)                目的プログラム
```

**図1.6** アセンブル

　コンピュータは，入力装置や中央処理装置，出力装置などから構成され，1つのシステムを構成している．システムにおいては，最大の効率を導出するために1つの設計思想のもとに各装置が組み合せられている．これを一種の建築物（architecture）と考え，コンピュータ・アーキテクチャ（computer architecture）という．すなわち，コンピュータシステムを構成する設計思想である．

　コンピュータシステムとは，
　　「適宜な形式でデータを入力すると，ICなどの電子回路により，電子的にそのデータを処理し，自動的に所望する形式で結果を出力するもの」
と定義できる．システムを構成する大きな要素はハードウェアとソフトウェアである．

## 1.2　ハードウェアとソフトウェア

　コンピュータシステムという言葉がよく使用されている．このシステム（system）とは，図1.2の各処理装置が互いに関連し合いながら，1つの仕事を達成するために有機的に結合し機能することをいう．
　図1.7に示すようにコンピュータシステムはハードウェア（hardware）とソフトウェア（software）の2つの大きな体系に分けられる．ハードウェアとは"金物"という意味があり，コンピュータを構成する中央処理装置や入力装置，出力装置，記憶装置を総称して呼ぶ．これな対してソフトウェアとは"やわもの"という意味があり，プログラムなどのハードウェアを利用する技術を意味する．すなわち，ハードウェアは実体のあるものであり，ソフトウェアは実体のないものといえる．これらは車そのものと運転技術に対比して考え

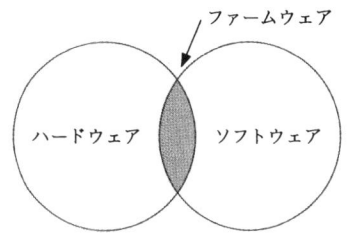

図1.7 コンピュータシステムの構成

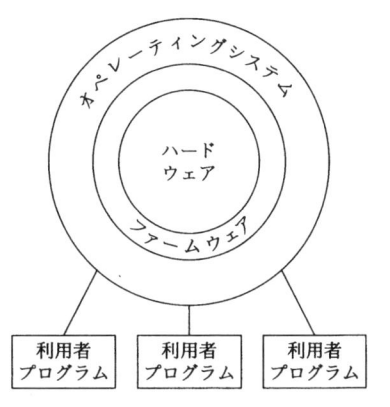

図1.8 オペレーティングシステムとハードウェア

ると理解しやすい．したがって，ハードウェアとソフトウェアがあってはじめてコンピュータシステムが稼働することになる．また，ハードウェアともソフトウェアともいいきれない部分もある．これをファームウェア（firmware）という．ファームウェアとは，CPUの最も基本的な動作を行わせる命令の集まりをマイクロ・プログラム（micro program）といい，このマイクロ・プログラムが固定記憶装置に記憶されていることをいう．すなわち，ハードウェアに組み込まれたソフトウェアといえる．

コンピュータの利用者は，ハードウェアの詳細な動作を考慮してプログラムを書いたり利用したりしているのではない．ハードウェアを効率よく動作させるオペレーティングシステム（OS：Operating System）というプログラムを介して利用している．ハードウェアの詳細な動作や操作を理解していなくとも，OSを理解していることでコンピュータを利用することができる．図1.8にOSとハードウェアの関係を示す．OSはソフトウェアの中核をなすものである．現在，パソコンなどのOSとしてWindows，ワークステーションなどのOSとしてUNIXが一般的である．また，パソコンで使えるUNIX互換のOSとしてLinuxも多く使用されている．

汎用コンピュータを購入すると，OSはコンピュータメーカから提供される．このOSは，コンピュータ利用者の共通的な部分を標準的に装備しておき，利用者の負担を少しでも軽くしようとするのがねらいである．OSのねらいをまとめてみると次のようになる．

① ハードウェアシステム運用の容易性，拡張性
② ハードウェアシステムの稼働率の向上
③ 保守の容易性
④ 操作の容易性
⑤ プログラムの生産性

　ハードウェアの性能や機能は，コンピュータが開発されて以来飛躍的に進歩してきたが，ソフトウェアは人手により構築されるため，時間とコストがかかり生産性が悪い．現在，コンピュータシステムの90％以上のコストがソフトウェアにかかっている．今後はソフトウェアの自動開発等を研究していく必要があるものと考えられる．

## 1.3 コンピュータの歴史

　計算するという行為がはじめて行われたのは，共同で狩猟をし，獲物を平等に分けるときにはじまったのではないかと考えられる．そのときは同程度の価値のものを順に分配していく方法がとられたものと思われる．その後，貨幣が使用されるようになり，品物の価値をお金で貯めたり，お釣を払ったりと四則演算が必要となってきた．ソロバンが用いられるようになると経済活動が活発になり，計算の重要性が一般社会でかなり増してきた．しかしながら，ソロバンは人間が計算するために利用する道具である．数値を入力してやると自動的に計算してくれるものではない．自動的に計算してくれるのがコンピュータである．以下このコンピュータの発展過程について述べる．

### 1.3.1 第1世代以前

　歯車を用いて計算する機械をはじめて作ったのは，フランスのパスカル（B. Pascal）で1642年のことである．これは，8桁までの足し算と引き算を行う機械であった．その後，1664年にドイツのライプニッツ（G. W. Leipniz）が割り算や掛け算も行える機械を発明した．この時点で四則演算ができる機械が作られたわけであるが，人間が演算する数値を毎回入力してやらなければならなかった．
　1822年に，イギリスの数学者バベジ（C. Babbage）により，現在の電子計

算機の設計思想に近い計算機械が開発された．これは数表を作るために開発されたもので，階差機関（differential engine）と呼ばれ，計算の手順を機械に覚え込ませておくものであった．その後，1835 年に彼は自動的に計算を遂行し，いろいろな関数表の計算が可能な解析機関（analytical engine）と呼ばれる自動計算機（automatic computer）を設計した．しかしながら，当時の技術力では完成させることができなかった．このときのデータや処理操作の入力には厚紙に孔を開けたパンチカード（punched card）が用いられた．パンチカードは，PCS（Punch Card System）として，いろいろな形でコンピュータの入力媒体として用いられた．

1880 年代に入ると，アメリカのホレリス（H. Hollerith）がパンチカードから電気的に数値データを読み取り，計算したり，統計処理する機械を発明し，1890 年のアメリカの国勢調査で使用した．その後，保険会社や鉄道会社でこの機械が使用され，今日の事務処理の機械化の基礎を作った．ホレリスはこれを商品化するために会社を設立し，後になって参加したトーマス・ワトソンⅠ世らによってその会社は発展した．この会社が 1924 年に IBM（International Business Machine）と社名を変更し，世界で最も大きなコンピュータ製造会社となっている．ホレリスの助手であったパワーズ（J. Powers）も統計機をいろいろ改良していた．その機械が 1910 年の国勢調査に利用され，1911 年に会社を設立している．これがユニバック社の前身となった．

1944 年にハーバード大学のエイケン（H. H. Aiken）教授が，紙テープから命令を与えて 23 桁の 10 進数乗算を数秒で行う電気機械式計算機「Mark Ⅰ」を開発した．この計算機は，真空管やトランジスタ，ダイオードなどの電子部品だけを用いているのではなく，3000 個以上のリレーと歯車を主に用いたものであった．この計算機は IBM 社によって製作されハーバード大学に寄贈された．

翌年の 1945 年にアメリカの数学者であるフォン・ノイマン（J. Von Neumann）が，2 進数の演算が可能であり，プログラムとデータを同じ記憶装置に収め処理できる，プログラム内蔵方式のコンピュータを提唱した．この方式に基づいて作られたコンピュータが EDSAC（1949 年）と EDVAC（1950 年）であり，現在のほとんどすべてのコンピュータがこのノイマン方式を採用している．

図1.9 ペンシルバニア大学で開発されたENIAC

　世界で最初のコンピュータが開発されたのは，1946年にアメリカのペンシルバニア大学のエッカート（J. P. Eckert, Jr.）とモークリ（J. W. Mauchly）によるENIAC (Electronic Numerical Integrator And Calculator) である．エニアック（ENIAC）は，18800本もの真空管が用いられ，重さが30トン，100畳以上もの部屋を占有して消費電力が150 kWという巨大なものであった．計算速度としては，加算は$2 \times 10^{-4}$秒，乗算は$2 \times 10^{-3}$秒で行うことができ，アメリカ陸軍のために製作されたものである．この計算機では，配線用のワイヤを結線することによりプログラムが投入され，プログラム内蔵方式ではなかった．その写真を図1.9に示す．

### 1.3.2　第1世代
　現在のコンピュータのアーキテクチャとほとんど変らないコンピュータが開発されたのは，1949年にイギリスのケンブリッジ大学のウィルクス（M. V. Wilks）が作ったEDSAC (Electronic Delay Storage Automatic Computer) である．翌年1950年に，フォン・ノイマンによりEDVAC (Electronic Discrete Variable Automatic Computer) が開発された．これらのコンピュータは，いずれも2進数値を取り扱い，プログラム内蔵方式であり，演算回路の論理素子として真空管が用いられていた．1948年にはトランジスタ（transis-

tor）がすでに発明されていたが，コンピュータには応用されていなかった．

1951年に世界最初の商用コンピュータUNIVAC Iがアメリカのスペリーランド社から開発された．このコンピュータはENIACを基本として作られたものである．IBM社も1952年にIBM 701を開発し，その技術力を高め今日の礎を築いた．主記憶装置には磁気ドラムが使用され，後に磁気コアがそれに代った．また，これらのコンピュータは，技術計算を行うために用いられていた．

日本においては，1952年にリレー式自動計算機の第1号が通産省電気試験所（現電子技術総合研究所）で開発され，ETL-Mark Iと名付けられた．続いて1955年にETL-Mark IIが完成している．日本における真空管を用いた最初のコンピュータは，1956年に富士フィルムの岡崎氏が製作したものである．日本での最初の商用コンピュータは日本電気のNEAC 2201である．この頃には，世界のコンピュータは真空管の時代が終ってトランジスタやパラメトロン等の固体素子の時代に突入しつつあった．

### 1.3.3 第2世代

コンピュータの第2世代の特徴は，真空管に代ってトランジスタが使用されたことである．これにより小形化・高速化がはじまり，さらに，主記憶の大容量化へと進歩しはじめた．主記憶装置に磁気コアが使用され，磁気ドラムや磁気ディスクは高速の補助記憶装置として用いられた．磁気コア（magnetic core）とは，直径が0.5mm程度の小さなリング状のフェライトで作られたもので，1ビットの記憶ができる．また，事務分野への応用が行われはじめた．この時代に，IBM 1400シリーズが1500台以上生産されベストセラーとなった．

### 1.3.4 第3世代

1964年になるとICが論理素子に用いられるようになってきた．それらの代表的機種としては，IBM 360シリーズ，UNIVAC 494シリーズ，Honeywell 2200シリーズがある．これにより，汎用コンピュータは機能の大型化，処理の高速化がますます増大した．コンピュータ利用技術も通信回線を利用したオンライン・リアルタイム処理やタイム・シェアリング・システム（TSS）も

行われはじめた．1965年頃にはミニコンピュータ（minicomputer）が出現した．

### 1.3.5　第3.5世代

1970年に入ると，論理素子がICからLSI（大規模集積回路：Large Scale Integrated circuit）に移行した．すなわち，半導体製造技術がコンピュータ製造技術の要となった．これにより，中央処理装置部をまとめて1個のLSIに組み込んだマイクロコンピュータ（microcomputer）も開発された．この時代の代表的な機種としてIBM 370シリーズ，日本電気ACOSシリーズ，富士通・日立Mシリーズがある．

### 1.3.6　第4世代

第4世代は1980年に超LSI（VLSI：Very Large Scale Integrated circuit）が開発されコンピュータに応用されたことにはじまる．この時代に入ると，コンピュータと人間との情報のやりとりを円滑に行うヒューマン・インタフェース（human interface）装置の開発も盛んに行われるようになってきた．これまで人間が機械の機能に合わせるように行動していたものが，ヒューマン・インタフェースの開発により，機械の方から人間の側に近付き，より親しみやすいコンピュータへと変わりつつある．

### 1.3.7　第5世代

1990年代頃より，第5世代の歴史がはじまったといわれている．第5世代においては，VLSIはさらに高密度化されるとともに，光による演算や記憶も可能である．また，これまでのシリコンを主体とした素子ではなく，ガリウム・ヒ素（GaAs）を用いた集積回路やHEMT（High speed Electron Mobility Transistor）も一層使用されていくものと思われる．また，ジョセフソン記憶素子（Josephson storage device）なども用いられ，非ノイマン型のコンピュータが開発されていくものと思われる．処理方式としては，並列処理が行われ，人間のように学習し考えるコンピュータが開発される．これらは，ハード的な開発もさることながら，人工知能（AI：Artificial Intelligence）等や生物を模倣したソフトの開発も重要である．分散処理も成熟期を迎え，並列処

1.3 コンピュータの歴史 ―――― 13

理の時代に突入する．

わが国においては，第5世代コンピュータの開発が世界に先駆けて行われた．これは新世代コンピュータ技術開発機構（ICOT：Institute for new generation COmputer Technology）が1984年に発足して以来行われていたものである．これまでのコンピュータには，次のような問題点が指摘されている．

表1.1 コンピュータの発展過程

| 年代 | 世代 | コンピュータ | プログラム言語 | 論理素子 | 主記憶 | 処理方式 | 備考 |
|---|---|---|---|---|---|---|---|
| 1946 | | ENIAC | | | | | デジタル型 |
| 1949 | 第1世代 | EDSAC | 機械語 | 真空管 | 磁気ドラム | | プログラム内蔵方式 |
| 1950 | | EDVAC | | | | | |
| 1951 | | UNIVAC-I | | | | | |
| 1952 | | IBM701 | アセンブラ | | | | |
| 1955 | | ETL-Mark I | FORTRAN | | | バッチ処理 | |
| 1958 | 第2世代 | IBM 7070 | ALGOL | トランジスタ | 磁気コア | | |
| 1959 | | | LISP | | | | |
| 1960 | | | COBOL | | | | |
| 1961 | | | APL | | | | |
| 1963 | | | PL/1 | | | | |
| 1964 | 第3世代 | IBM 360シリーズ | BASIC | IC | | オンライン処理 | ミニコン オフコン |
| 1966 | | | PASCAL | | | | |
| 1970 | 第3.5世代 | IBM 370シリーズ | | | | TSS処理 | マイコン |
| 1972 | | | | | | | |
| 1974 | | | C | LSI | ICメモリ | | |
| 1979 | | | PROLOG | | | | |
| | | | Ada | | | 分散処理 | ヒューマン・インタフェース |
| 1980 | | IBM 3090シリーズ | SMALTALK | | | | |
| | 第4世代 | 富士通 M700シリーズ | | VLSI | | | VAN LAN INS |
| | | 日本電気 ACOS 4300シリーズ | | | | | |
| 1990 | 第5世代 | IBM 並列トランザクションサーバ | C++ | GaAs 光IC | | 並列処理 | 非ノイマン型コンピュータ |
| | | 日本電気パラレル ACOS-PX 7800 | Java | | | | |
| | | | Visual Basic | | | | |

① 社会が多様化するにともない，処理内容が複雑になり，そのプログラムを作成するのが困難になりつつある．
② コンピュータが自分で学習したり，問題を解いたりすることができない．
③ コンピュータの各々の機能が画一的であり，問題解決のための柔軟な対応ができない．

これらの問題点を解決するためにも，新しい発想から構築される第5世代コンピュータの開発が急務である．

企業内においても，情報システム部門ばかりでなく，一般業務担当者自らがシステムの構築や運用管理を行ったり情報技術を応用したりする EUC （end user computing）が益々求められる．

以上述べてきたコンピュータの発展過程をまとめると表1.1のようになる．

**問題 1.1** 次の問題の内容については，本文中にその詳細は述べていないが，読者は答を参照して理解していただきたい．

プログラミング言語に関する次の記述 a～f に対応する言語を解答群の中から選べ．

a 1960年代はじめに計算機メーカや利用者の団体 CODASYL が設計した事務計算用言語である．

b 数値的および論理的関係を，厳密にそして簡潔に記述できるように，K. Iverson により考案された言語である．

c 移植性に富む言語といわれており，EWS（エンジニアリングワークステーション）や小型機（ミニコン）を中心とした OS の記述言語として使用されていることで有名である．

d 科学計算用と事務処理用とを統合したプログラミング言語として，1960年代半ばに発表された．

e 1970年代はじめに，N. Wirth によって開発された ALGOL 系の構造化プログラミング向きの高水準言語で，教育・研究用に広く使われている．

f 初心者向きの会話型言語として開発されたもので，現在ではパーソナルコンピュータ（パソコン）の主要言語となっている．

〔解答群〕
ア　Ada　　　イ　ALGOL　　ウ　APL　　　エ　BASIC
オ　C　　　　カ　COBOL　　キ　FORTRAN　ク　LISP
ケ　Pascal　　コ　PL/I

# 演習問題

**1.1** コンピュータの変遷に関する次の記述中の（　）に入れるべき適当な字句を解答群の中から選べ．

　コンピュータの特徴は，大量のデータ処理と演算速度の高速性にあるといえる．特に，コンピュータの演算速度は（ a ），（ b ）の速度および（ c ）によって決まる．
（ a ）の変遷をたどると，リレー，（ d ），パラメトロン，トランジスタを経て（ e ），（ f ）が使われており，さらに超LSIの実用化も進められている．（ b ）についても（ g ）のほかに，磁気薄膜やワイヤが実用化され，IC，LSIも利用されている．このような各素子の技術革新がコンピュータの演算速度を飛躍的に高度化している．

〔解答群〕
ア　IC　　　イ　PCS（パンチカードシステム）　　ウ　論理素子
エ　磁心記憶素子　　オ　トンネルダイオード
カ　演算制御方式　　キ　入出力装置　　ク　LSI
ケ　記憶素子　　コ　真空管

**1.2** 下記の人物に関係のある字句を解答群の中から選べ．
　a．C. Babbage　　b．H. Hollerith　　c．J. P. Eckert
　d．J. Von Neumann　　e．B. Pascal

〔解答群〕
ア　EDVAC（プログラム内蔵方式の先駆となった）
イ　パンチカード　　ウ　最初の自動計算機　　エ　最初の加算機
オ　ENIAC（真空管式計算機）　　カ　磁気コアの発明

**1.3** コンピュータの歴史に関する次の記述中の（　）に入れるべき適当な字句を解答群の中から選べ．

(1) ( a )；世界最初のコンピュータENIACが完成した．素子としては( b )が用いられた．
(2) ( c )；アメリカのホレリス博士が( d )を開発した．
(3) ( e )；アメリカの国防総省主催の会議で，( f )の必要性と可能性とが確認された．
(4) ( g )；東京大学の後藤英一博士が( h )を発明した．
(5) ( i )；チューリングが( j )の論文を発表した．
(6) ( k )；江崎玲於奈博士が( l )を発明した．

〔a，c，e，g，i，kに関する解答群〕
ア 1930年代以前　　イ 1930年代　　ウ 1940年代
エ 1950年代　　オ 1960年代

〔b，d，f，h，j，lに関する解答群〕
ア トンネルダイオード　　イ PCS　　ウ 真空管
エ 計算機械　　オ パラメトロン　　カ COBOL　　キ IC

# 第2章

# コンピュータの構成と処理手順

　人間は言葉を作り出すことにより知的進化を達成した．さらに，文字を考案しいつまでも記録できる情報を作り出すことができた．今後はコンピュータにより，情報化社会が形成され，人間の知的進化をさらに進めていくものと思われる．本章においてはコンピュータシステムの構成とソフトウェア的見地からみた処理手順について述べる．これにより，コンピュータシステムの全体像が把握でき，人間との係わりについても推察できる．

## 2.1　コンピュータシステム

### 2.1.1　5大機能

　コンピュータは，図2.1に示すように5つの機能から構成される．これらの機能は装置とも呼ばれ，互いに関連して1つのシステムを構成している．

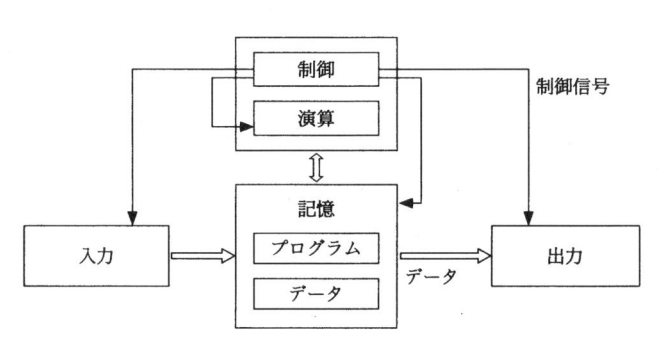

**図2.1**　コンピュータシステムの5大機能

① **入力装置**（input unit または input device）
処理するデータやプログラムを，コンピュータに読み込む機能を有する装置．

② **記憶装置**（storage unit）
読み込んだデータやプログラムを格納しておき，必要なときいつでも参照できるようにしておく装置．演算結果も保持される．記憶装置に格納されているプログラムとデータは一見して区別することはできない．

③ **演算装置**（arithmetic and logic unit または arithmetic unit）
記憶装置に格納されているプログラムに従って，データを処理する装置．データ処理とは，計算とか分類，さらに特定のデータの抽出などを意味する．

④ **出力装置**（output unit）
記憶装置にある演算結果を，人間に理解できる形式で印刷したり表示したりする装置．

⑤ **制御装置**（control unit）
入力，記憶，演算，出力の各装置が，プログラムの指示する手順に従って演算し，入力や出力動作が円滑に機能するよう制御する装置．制御装置から出力された制御信号により他のすべての装置が機能する．

以上述べた5つの機能をコンピュータの5大機能といい，これらの装置を総称してコンピュータシステムとかハードウェアという．これらの機能の中で，制御装置と演算装置をまとめて中央処理装置（CPU: Central Processing

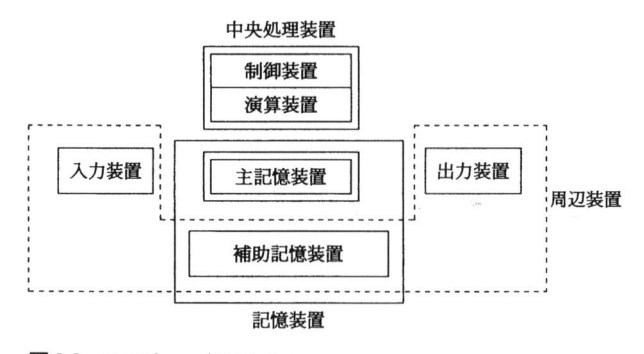

**図 2.2** コンピュータシステム

Unit) といい，コンピュータシステムの中枢を担う．この CPU を 1 個の集積回路（IC）に形成したものをマイクロプロセッサ（microprocessor）という．記憶装置は主記憶装置（main storage）と補助記憶装置（auxiliary storage）から構成される．処理するプログラムやデータはコンピュータ本体内の主記憶装置に格納されるが，主記憶に格納しきれない部分は外部に設けた補助記憶装置に格納され，必要な時点で主記憶装置に転送される．入力装置，出力装置，補助記憶装置をまとめて周辺装置（peripheral equipment）という．これらの関係をまとめると図 2.2 のようになる．

このように，コンピュータを構成する各装置は，それぞれ緊密な関連を持ちつつ統一がとられ，有機的な結合がなされて 1 つのシステムが形成しており，コンピュータシステム（EDPS：Electronic Data Processing System）と呼ばれる．EDPS にはソフトウェアも含める．また，最近は EDPS のことを単にコンピュータとか電子計算機と呼ぶ．

### 2.1.2 コンピュータの種類

社会情勢の変革によりさまざまなコンピュータが開発されてきている．たとえば，超大型のコンピュータから一般家庭で気軽に使えるパーソナルコンピュータまで各種のものがある．また，電気洗濯機や電子レンジ，テレビ，自動車等にまでマイクロプロセッサが組み込まれており，我々の生活環境が変わりつつある．これらを利用目的から分類してみると以下のようになる．

(1) 汎用コンピュータ（general purpose computer）

メインフレーム（main frame）とも呼ばれ，科学技術計算や事務処理など多目的に利用でき，汎用性があるコンピュータである．また，ある程度標準化されておりコストパフォーマンスに優れている．

(2) スーパー・コンピュータ（super computer）

微分方程式や行列式を解くとき等，同じ処理の繰り返し処理があり，その計算速度が非常に問題となる．このような科学技術計算専用の超高速・超大型のコンピュータがスーパー・コンピュータと呼ばれている．原子力関係の問題を解くのにクレイ・リサーチ社（アメリカ）がはじめて開発したが，現在は世界の各社がその開発を行っている．

(3) ミニ・コンピュータ (mini computer)

工場等におけるプロセス制御や数値制御（NC：Numerical control）機器などの特定の目的に使用されるコンピュータである．世界最初にミニコンピュータを開発したのは DEC 社（アメリカ）である．ミニコンと呼ばれ，LSI の開発により低コスト化と小型化が図られた．最近では汎用的にも使用されホストコンピュータとしても用いられている．

(4) オフィス・コンピュータ (office computer)

オフィスで用いられる事務処理専用の事務机大のコンピュータである．機能は汎用コンピュータと同じであり，COBOL 言語が主流である．汎用コンピュータでは各機能が独立して装置化されているのに対し，オフィス・コンピュータ（オフコン）では各装置をいくつかまとめて一体化して小型化が図られている．このオフコンにケーブルにより複数台の端末装置を接続して分散処理を行う場合もある．インターネットなどのサーバとしても利用される．

(5) ワーク・ステーション (work station)

個人向けの高性能のコンピュータであり，ネットワークに接続され科学技術計算，CAD (computer aided design) やシミュレーションに用いられている．事務処理にも多用され，ネットワークのサーバとしても用いられる．

(6) パーソナル・コンピュータ (personal computer)

卓上型（デスク・トップ型）で，企業や一般家庭で個人用として使えるコンピュータでパソコンと呼ばれる．マイクロプロセッサに記憶用 IC や入出力制御用 IC を組み合せることによりシステム化されている．外部記憶としてUSB メモリ，ハード・ディスク，CD 類，MO などが主に使用されている．プログラミング言語としては Visual BASIC や C 言語が多用されている．また，ワープロ（word processing）や表計算，インターネットなどができる応用ソフトウェアが組み込まれて普及が著しい．

(7) PC サーバ

パソコンと同じ設計でサーバとして利用できる．部品もパソコンと同じものが使用されるためにコストを抑えることができる．OS としては Windows 系のものや Linux などが用いられ，性能の割りにはコストが安い．

(8) PDA (Personal Digital Assistants)

パソコンの小型化とともに通信機能を持った超小型の情報端末が開発されて

きている．その中でPDAと呼ばれるものがあり，米アップル社が1993年に販売した「Newton」が起源である．ノートパソコンの性能を凝縮し，通信やスケジュール管理ができ，液晶画面を用いた掌サイズのものが多い．

このようにさまざまなコンピュータが開発され，ハードウェアとソフトウェアの連携も充実してきている．ソフトウェアの重要性が高まるにつれ，本来プログラム等のソフトウェアで実現していたことが1つの命令で処理できるなど，利用者にとって便利になってきている．しかしながら，命令が複雑なためコンピュータの実行効率が低下し性能が低下する．このような複雑な命令体系を持ったコンピュータをCISC (complex instruction set computer) という．一方，ワーク・ステーション (WS) のように小型で高性能が要求されるコンピュータにおいては，実行効率の向上を第一に考え，基本的な命令セットのみで処理させるコンピュータをRISC (reduced instruction set computer) という．CISCとRICSはトレード・オフ (trade off) の関係にある．

## 2.2 問題処理手順

コンピュータにある作業の処理をさせて結果を得るまでには多くの段階を経た手順が必要である．これを問題処理手順という．ここでは，この手順について述べ，ソフトウェア開発の概要について説明する．

### 2.2.1 ライフサイクル

一般に事務作業は，次の7つの項目に大別される．すなわち①読む，②書く，③計算処理，④保管，⑤伝達，⑥選択，⑦分類である．これらの作業を信頼性が高く，低コストで処理するために，いろいろな事務機械が開発されている．また，コンピュータシステムを導入し総合的に全作業を取り扱う試みがなされている．さらに，ハードウェアの発展によりこれらの作業のコンピュータ化が可能になりつつある．

事務作業をコンピュータ化する場合，その情報は最も単純な形にし，必要に応じてそれを加工し組み立て処理する方式をとる．この場合，処理内容を完全に把握し，問題点をすべて明確にしておかなければならない．その後，プログラムの設計を行い，プログラムの作成，テストを行う．時間の経過とともに，

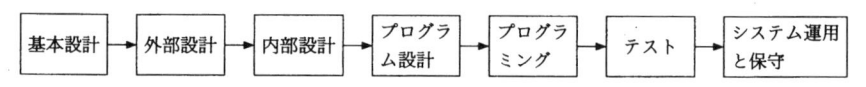

基本設計 → 外部設計 → 内部設計 → プログラム設計 → プログラミング → テスト → システム運用と保守

図2.3 ソフトウェアのライフサイクル

開発したソフトウェアが実用に即さなくなり保守（maintenance）が必要となる．これらの工程を経てソフトウェアが開発されていく．これをソフトウェアのライフ・サイクル（life cycle）という．この工程を図2.3に示す．

### 2.2.2 要求と目標

事務処理のコンピュータ化は，現状の詳細な調査を行い問題点の洗い出しが出発点となる．それらの問題点としては，

① 企業経営管理上の迅速かつ適切な判断情報をいかに得るか．
② 業務上のデータ管理，人件費，処理，印刷をいかに効率よく遂行させるか．
③ 競合する企業に打ち勝つサービスをいかに行うか．

等が挙げられる．これらを解決するために，まず，現状はどうであるかが分析される．すなわち，どのような情報がいかに処理され伝達されていくか等が分析され，無駄な処理や重複がないか点検する．これらの仕事を専門に行う人をシステム・エンジニア（SE：System Engineer）という．SEにはコンピュータの知識は勿論のこと，経営管理に関する広い知識が要求される．

### 2.2.3 プログラム設計

列挙された問題点を解決するシステムを構築するために，いろいろなアプローチ（approach）を考えてみる必要がある．その中で最適なアプローチの方法を選び，具体的な設計を行う．この設計に基づいて問題解決のための手順（アルゴリズム，algorithm）が組み立てられる．このアルゴリズムからプログラムの流れ図（flow-chart）を作成する．流れ図（フローチャート）の記号としては表2.1に示すものが日本工業規格（JIS：Japan Industrial Standard）で規定されている．

流れ図に従いCOBOL等のプログラム記述言語を用いてコーディング（coding）する．コーディングとは，プログラムを所定の形式に従って紙上に書く

ことをいう．コーディングされたプログラムをコンピュータに投入し，文法的な誤り（bug）があるかチェックする．誤りがある場合はそれを修正する．これをデバッグ（debug）という．

表2.1 フローチャートの記号

| 番号 | 記号 | 意味 | 番号 | 記号 | 意味 |
|---|---|---|---|---|---|
| 1 | | 処理（process）<br>任意の種類の処理機能を表す． | 14 | | 制御移行（specific line symbol）<br>1つの処理から他の処理へ制御が即時に移行することを表し，場合によっては，起動された処理が終了した後に，起動させた処理に直接復帰することも表す． |
| 2 | | 判断（decision）<br>1つの入り口と幾つかの択一的な出口を持ち，記号中に定義された条件の評価に従って，唯一の出口を選ぶ判断機能またはスイッチ形の機能を表す． | 15 | | 内部記憶（internal storage）<br>内部記憶を媒体とするデータを表す． |
| 3 | | 準備（preparation）<br>その後の動作に影響を与えるための命令または命令群の修飾を表す． | 16 | | 表示（display）<br>人が利用する情報を表示するあらゆる種類の媒体上のデータを表す． |
| 4 | | 定義済み処理（predefined process）<br>サブルーチンやモジュールなど，別の場所で定義された1つ以上の演算または命令群からなる処理を表す． | 17 | | 線（line）<br>データまたは制御の流れを表す．流れの向きを示す必要があるときは，矢印を付けなければならない． |
| 5 | | 手作業（manual operation）<br>人手による任意の処理を表す． | 18 | | 並列処理（parallel mode）<br>2つ以上の並行した処理を同期させることを表す． |
| 6 | | 手操作入力（manual input）<br>手で操作して情報を入力するあらゆる種類の媒体上のデータを表す． | 19 | | 通信（communication link）<br>通信機によってデータを転送することを表す． |
| 7 | | データ（data）<br>媒体を指定しないデータを表す． | 20 | | 結合子（connector）<br>同じ流れ図中の他の部分への出口，または他の部分からの入口を表したり，線を中断し他の場所に続けたりするのに用いる．対応する結合子は，同一の一意な名前を含まなければならない． |
| 8 | | 記憶データ（stored data）<br>処理に適した形で記憶されているデータを表す．媒体は指定しない． | 21 | | 端子（terminator）<br>外部環境への出口，または外部環境からの入り口を表す． |
| 9 | | 書類（document）<br>人間の読める媒体上のデータを表す．媒体としては，印字出力，光学的文字読み取り装置または磁気インク読み取り装置の書類，マイクロフィルム，計算記録，帳票などがある． | 22 | | 注釈（annotation）<br>明確にするために，説明または注を付加するのに用いる．注釈記号の破線は，関連する記号に付けるか，または記号群を囲んでもよい．説明または注は，範囲を示す記号の近くに書く． |
| 10 | | カード（card）<br>カードを媒体とするデータを表す． | 23 | | 省略（ellipsis；3つの点）<br>図の中で記号の種類も個数も示す必要がない場合に，記号または記号の集まりの省略されたことを示し，線記号に対してだけ用いる．この記号は，特に図における回数の定まらない繰り返しのあることを示すのに応用する． |
| 11 | | せん孔テープ（punched tape）<br>せん孔テープを媒体とするデータを表す． | 24 | | 破線（dashed line）<br>2つ以上の記号の間の択一的な関係を表す．また，この記号は，注釈の対象範囲を囲むのにも用いる． |
| 12 | | 順次アクセス記憶（sequential access storage）<br>順次アクセスだけ可能なデータを表す．媒体としては，磁気テープ，カートリッジテープ，カセットテープがある． | 25 | | ループ端（loop limit）<br>2つの部分からなり，ループの始まりと終わりを表す．記号の2つの部分は，同じ名前を持ち，テスト命令の位置に応じ，ループの始端または終端の記号群中に，初期化，増分，終了条件を表記する． |
| 13 | | 直接アクセス記憶（direct access storage）<br>直接アクセス可能なデータを表す．媒体としては，磁気ディスク，フレキシブルディスクなどがある． | | | |

デバッグが完了した原始プログラムはコンパイルされ試運転される．試運転は，まず結果のわかっている簡単なデータを処理して出力してみる．結果に誤りがあれば，その誤りを論理的誤りという．論理的誤りは，流れ図の段階から再検討し修正を施さねばならない．その後，考えられるあらゆるデータを入力し吟味する．

完全なプログラムが完成したら，それを文書化 (documentation) し保管しておく必要がある．文書化の種類としては次の3種類がある．
① プログラム概説書
② プログラム仕様書
③ 操作手引書

### 2.2.4 運用と保守

プログラムの試運転が終了し，本稼働がはじまりシステムが運用されてから，変更や修正，拡張の必要性が生じてくる．この作業をソフトウェア保守 (software maintenance) という．この保守はかなり面倒で難しい作業である．このため，できるだけわかりやすいプログラムを作成しておいた方が望ましい．また，文書化が明確に行われていないと，新しくプログラムを作成した方が容易な場合も生じる．最近，文書化に際し，その内容を視覚的に理解させるためにグラフや図を用いて記述する技法が導入されつつある．

## 2.3 プログラムの作成過程

ソース・プログラムを翻訳して機械語のプログラムを作成し，コンピュータがそのプログラムを実行することにより各種の処理が行われることを第1章で述べたが，ここで今少し詳細にその過程について述べる．

たとえば，問題向き言語であるCOBOL言語で書かれたソース・プログラムが磁気ディスク等の媒体上に記録され，言語翻訳プログラムであるCOBOLコンパイラにより自動的に機械語に変換される．これを目的プログラムとか目的モジュール (object module) という．このとき文法誤りがあるかチェックされる．ソース・プログラムは主プログラムといくつかのサブプログラムから構成されており，サブプログラムをモジュールと呼ぶ．したがって，目的プロ

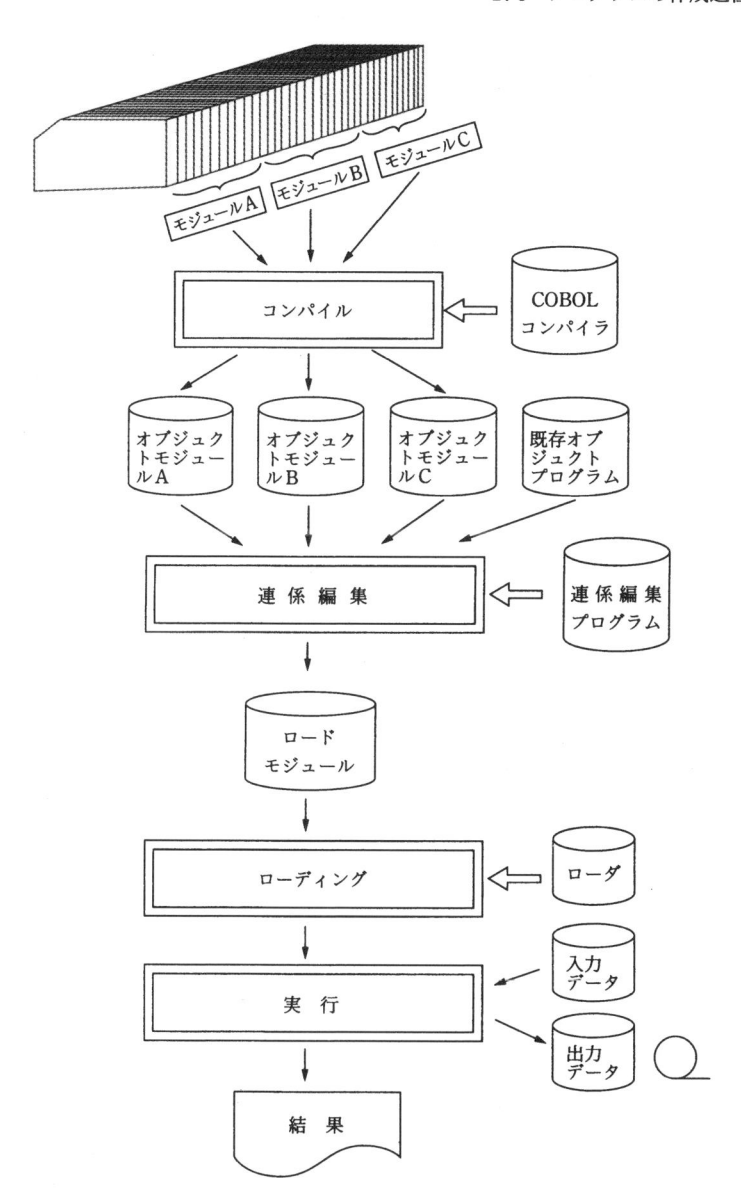

**図 2.4** プログラムの実行過程

グラムもサブプログラムに対応したいくつかのモジュールから構成されオブジェクト・モジュールと呼ぶ．この関係を図2.4に示す．同図には，今後の説明に必要な部分も合わせて示してある．

　オブジェクト・モジュールは，そのままの形では主記憶装置に読み込む(load)ことはできない．読み込むことができるように編集(edit)する必要がある．この編集作業もコンピュータが自動的に行う．これを行うプログラムを連係編集プログラム(linkage editor)という．連係編集作業により出力されたプログラムをロード・モジュール(load module)といい，主記憶装置にローディング可能な機械語のプログラムである．

　ロード・モジュールは，ローダ(loader)というプログラムにより，指定された主記憶装置内に付けられた番地(アドレス，address)にローディングされていく．主記憶装置にローディングされたプログラムはコンピュータの制御装置の指令に基づいて実行される．このとき，試運転を行って誤りがあれば修正され，完全なプログラムが完成されていく．これらの過程を経てプログラミングが終了する．

## 2.4　オペレーティングシステム

　これまでプログラムの開発過程について概略を述べてきた．また，これら利用者プログラムが直接ハードウェアを動かすのではなく，オペレーティングシステム(OS: Operating System)を介して機能させることを第1章で述べた．ここでは，さらにオペレーティングシステムについて詳述する．

### 2.4.1　オペレーティングシステムの定義

　オペレーティングシステムの定義には狭義，広義とかなり異なった見解が示されている．ここでは，汎用コンピュータのOSを考え，広義の定義として次のように定義する．

> 「コンピュータシステムを利用し情報処理を遂行するとき，ハードウェア，プログラムやデータ，システム全般に携わる人間等のすべての資源を有効に利用し処理効率を向上させることを目標に，体系的に構成・統合されたプログラムの集合」

ここでの資源（システム資源）として3つの構成が考えられる．すなわち，

システム資源
(system resource)
- ハードウェア資源（hardware resource）
  CPUやチャネルの使用時間，主記憶と補助記憶の記憶領域，入出力装置等
- 情報資源（information resource）
  問題解決のためのプログラムとデータ
- 人的資源（human resource）
  SE，プログラマ，オペレータ等システムに携わる人間の能力，時間

これらのシステム資源を有効に利用し，遊休状態（idle time）をなくし，非生産的時間（non-productive time）をいかに短縮するかがOSのねらいである．OSを含めたコンピュータシステム（EDPS）の性能評価として次の3つが挙げられる．これらの詳細については後述する．この他にも，拡張性，汎用性，適応性がある．

システムの性能評価要因
- 処理能力（throughput）
- 応答時間（turn around time）
- RAS (Reliability, Availability, Serviceability)

## 2.4.2 オペレーティングシステムの構成

オペレーティングシステムは，ソフトウェアとハードウェアの接点となる部分でありソフトウェアの一部である．このOSがなければ一般の利用者がコンピュータを利用することはできない．OSの中でも特にハードウェアに近いプログラムが制御プログラム（control program）である．この制御プログラムの一部をスーパーバイザ（supervisor）とかモニタプログラム（monitor program）とも呼び，OSの中核となるものである．制御プログラムの機能としては次の項目が挙げられる．すなわち，

① ハードウェアの資源管理
② OS内におけるプログラム動作の制御
③ 各種障害に対する処置
④ プログラムの実行制御

⑤ OS の動作記録等

である．

　OS はこの他に，サービスプログラム，言語処理プログラム，アプリケーションプログラム等から構成される．サービスプログラム (service program) とは，メーカで既製のプログラムとして作成し利用者に提供しているもので，コンピュータ利用上頻繁に行われる管理作業やデータ編集処理等を行うプログラムである．連係編集プログラムや分類・併合プログラムがこれに含まれる．

　言語処理プログラム (language processor) は，アセンブリ言語やコンパイラ言語で書かれたプログラムを機械語に翻訳するプログラムである．アセンブラや COBOL コンパイラ，FORTRAN コンパイラ等がこれに含まれる．アセンブラやコンパイラは，ソース・プログラムを翻訳し目的プログラムを作成し実行する．この他にインタプリタ (interpreter) がある．インタプリタとは，ソース・プログラムをそのまま主記憶装置に格納し，実行時に１命令ずつ翻訳しながら実行する．インタプリタによる言語で代表的なものがパソコンで使用される BASIC 言語である．１命令ずつ実行のつど翻訳する必要があるので処理が遅い．しかしながら主記憶の容量が少なくてすみ，プログラムを実行しながら修正できるという長所を有している．また，入力・出力・処理の各種の条件を指示することにより，最適なプログラムを自動的に生成する言語処理プログラムをジェネレータ (generator) といい，RPG (Report Program Generator) が代表的である．

　アプリケーションプログラム (application program) は，利用者が業務を処理するために特別に作成したプログラムである．アプリケーションプログラムは業務ごとに適合した高度な手法を用いて各種の業務を遂行する．その範囲としては，科学技術計算，情報検索，意思決定，事務処理，計画業務等である．

　ソフトウェアはオペレーティングシステムと利用者プログラム等のすべてのプログラムから構成される．オペレーティングシステムの構成を図 2.5 に示す．利用者が外部から OS に与える仕事をジョブ (job) という．

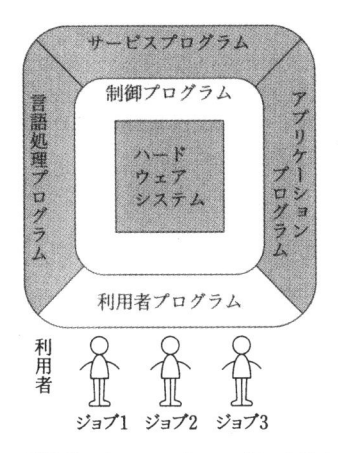

図2.5 オペレーティングシステムの構成

**問題2.1** オペレーティングシステムは，どのようなプログラムから構成されているか．

**問題2.2** RASとは何かを調べて述べよ．

## 演習問題

2.1 コンピュータの5大機能を示せ．
2.2 コンピュータシステムについて述べよ．
2.3 フローチャートの必要性について述べよ．
2.4 連係編集プログラムとは何か．
2.5 他の参考書などを調べ，コンピュータシステムの性能評価に関する次の記述に最も関連の深い字句を，解答群の中から選べ．

   a コンピュータシステムに対して処理要求を出してから，その要求に対する最終結果が得られるまでの時間をいう．

   b コンピュータシステムに対して問合せまたは要求の終わりを指示してから，利用者端末に最初の応答が始まるまでの時間をいう．

   c コンピュータシステムが与えられた時間内に処理しうる仕事量をいう．

   d 記憶装置の連続した読み取り書き込み周期の最短時間をいう．

e 磁気ディスク装置などにデータを要求してから，データの受渡しが完了するまでの時間をいう．

f 磁気ディスク装置などに格納されているデータの転送が開始されてから，転送が完了するまでの時間をいう．

〔解答群〕

| | | | |
|---|---|---|---|
| ア | アクセスタイム | イ | サーチタイム |
| ウ | サイクルタイム | エ | スループット |
| オ | ターンアラウンドタイム | カ | トランスファタイム |
| キ | ページング | ク | ポジショニングタイム |
| ケ | リアルタイム | コ | レスポンスタイム |

# 第3章

# 情報の表現

　コンピュータが扱うデータは，最初は数値データのみであった．その後，アルファベット文字も取り扱われ，カナや漢字まで拡大してきた．現在では図形や音声までも処理されるようになり，より人間に身近なものとなりつつある．本章においては，これらのデータがどのように表現され，コンピュータ内で処理されるかについて述べる．いかなるデータもコンピュータで処理されるためには，デジタル（digital）化されていなければならない．このとき，情報の最小単位がビット（bit）である．ビットとは，"0"と"1"の2つの状態を表し，2進数1桁の意味でbinary digitの略である．これはまた，コインの裏と表のように，2つのものから1つを選ぶときに選択するのに必要な情報量でもある．

　コンピュータ内においては，安定な情報の形は2通りの物理状態に限られる．たとえば，ランプが点灯しているのか消灯しているのか，スイッチが閉じている（ON）のか開いている（OFF）のか等である．ランプが点灯している状態を，最も明るい状態と中位の明るさの状態に分けて，それを機械が認識することは非常に難しいことである．このため，コンピュータでは2つの状態を用い，それぞれを"0"の状態，"1"の状態として取り扱う．これらの状態をいくつかまとめて情報を表現する．これを2進法（binary notation）という．2進法で表される"0"と"1"で組み合された数字を2進数（binary number）という．表3.1に"0"と"1"に対応する物理状態の例を示す．コンピュータ内ではこの2進数を取り扱う．

**表 3.1** ビットの表し方

| 物理状態 | "0" | "1" |
|---|---|---|
| ランプ | | |
| 紙テープ | | |
| 磁石 | N S | S N |
| スイッチ | | |
| トランジスタ | | |

## 3.1 数の表現

我々が日常使用しているのは 10 進法 (decimal notation) である．これは，1 個ずつのものを 10 個まとめて 10 とし，10 個ずつのものを 10 個まとめて 100 とする方法である．たとえば 2012 という数字があると

$$2012 = 2 \times 10^3 + 0 \times 10^2 + 1 \times 10^1 + 2 \times 10^0$$

を意味している．このとき，10 を基数 (base または radix) という．また，このような表し方を位取り記数法 (positional notation) という．

一般に，$r$ 進法により表された数値（$r$ 進数）があると，それは式 (3.1) の意味を持つ．

$$a_n a_{n-1} a_{n-2} \cdots a_0 . \underset{\uparrow}{a_{-1}} a_{-2} \cdots a_{-m}$$
小数点

$$= a_n r^n + a_{n-1} r^{n-1} + \cdots + a_0 r^0 + a_{-1} r^{-1} + a_{-2} r^{-2} + \cdots + a_{-m} r^{-m} \quad (3.1)$$

このとき $r$ が基数である．$a_i$ のことを数値 (digit)，$a_n$ を最上位の数字 (MSD: Most Significant Digit)，$a_{-m}$ のことを最下位の数字 (LSD: Least Significant Digit) という．各 $r^i$ を重み (weight) という．ここで，$a_i$ は 0

〜$(r-1)$ の任意の値である．2進数，8進数，10進数，16進数は，2，8，10，16を基数とする数である．ある数値の基数を明示する必要のあるときは，次のように基数を添字として表すことにする．

  $2012_{10}$  $10111_2$  $715_8$

### 3.1.1 2進数

(1) 整数の場合

2を基数として表された数値を2進数という．式 (3.1) において，$a_i$ は0か1である．たとえば，$10111_2$ は10進数で次の値を意味する．

$$10111_2 = 1\times 2^4 + 0\times 2^3 + 1\times 2^2 + 1\times 2^1 + 1\times 2^0$$
$$= 16+0+4+2+1$$
$$= 23_{10} \tag{3.2}$$

10進数の整数を2進数に変換する場合は次のようにする．今，ある10進整数の数値 $N$ が式 (3.1) の右辺において，$r=2$ として表されたとすると式 (3.3) となる．式 (3.3) の右辺を2で割っていくと式 (3.4) となる．

$$N = a_n 2^n + a_{n-1} 2^{n-1} + \cdots + a_0 2^0 \tag{3.3}$$

$$N = 2(\underbrace{a_n 2^{n-1} + a_{n-1} 2^{n-2} + \cdots + a_1}_{N_1}) + a_0$$

$$= 2N_1 + a_0$$

$$= 2(\underbrace{2(\underbrace{a_n 2^{n-2} + a_{n-1} 2^{n-3} + \cdots + a_2}_{N_2}) + a_1}_{N_1}) + a_0$$

$$= 2(\underbrace{2N_2 + a_1}_{N_1}) + a_0$$

$$= 2(2(2(a_n 2^{n-3} + a_{n-1} 2^{n-4} + \cdots a_3) + a_2) + a_1) + a_0$$

$$= 2(2(2(N_3 + a_3) + a_2) + a_1) + a_0 \tag{3.4}$$

このように，$N$ の値を最初に2で割った商が $N_1$ であり，剰余が $a_0$ である．次に，その商である $N_1$ を2で割った商が $N_2$ であり，剰余が $a_1$ となる．同様に順次この処理を行っていくと $a_0, a_1, a_2, \ldots, a_n$ が求まる．

たとえば，$23_{10}$ を次のように2で割っていくと，$a_0$ から $a_4$ まで求まり，式 (3.2) と同じとなる．

```
2) 23      余り
            1……a_0
2) 11  ――  1……a_1
2)  5  ――  1……a_2
2)  2  ――  0……a_3
    1  ………………a_4
```

$a_4a_3a_2a_1a_0 = 10111_2$

(2) 小数の場合

　小数の10進数を2進数に変換するときは，次のように2を掛けていく．すなわち，式（3.1）の右辺において式（3.5）のように表されたとする．

$$N = 0.\,a_{-1}a_{-2}a_{-3}\cdots a_{-m}$$
$$= a_{-1}2^{-1} + a_{-2}2^{-2} + a_{-3}2^{-3} + \cdots + a_{-m}2^{-m} \qquad (3.5)$$

両辺に2を掛けると

$$2N = a_{-1} + a_{-2}2^{-1} + a_{-3}2^{-2} + \cdots + a_{-m}2^{-m+1}$$

となる．各 $a_i$ は0か1であるから，$2N$ が1以上であれば $a_{-1}=1$ である．1未満ならば $a_{-1}=0$ である．1以上のとき両辺から1を引き再び同様の計算を行うと $a_{-2}$ が求まる．このように順次両辺に2を掛けながら $a_{-i}$ を求めていく．

　たとえば，$0.125_{10}$ を2進数に変換してみる．今，次式のように表されたとする．

$$0.125 = a_{-1}2^{-1} + a_{-2}2^{-2} + a_{-3}2^{-3} + \cdots + a_{-m}2^{-m} \qquad (3.6)$$

式（3.6）の両辺を2倍すると

$$0.25_{10} = a_{-1} + a_{-2}2^{-1} + a_{-3}2^{-2} + \cdots + a_{-m}2^{-m+1}$$

　　$\therefore \quad a_{-1} = 0$

よって

$$0.25 = a_{-2}2^{-1} + a_{-3} + 2^{-2} + \cdots + a_{-m}2^{-m+1}$$

両辺を2倍すると

$$0.5 = a_{-2} + a_{-3}2^{-1} + a_{-4}2^{-2} + \cdots + a_{-m}2^{-m+2}$$

　　$\therefore \quad a_{-2} = 0$

同様に $a_{-2}$ を無視して両辺を2倍すると

$$0.5 = a_{-3}2^{-1} + a_{-4}2^{-2} + \cdots + a_{-m}2^{-m+2}$$
$$1.0 = a_{-3} + a_{-4}2^{-1} + a_{-5}2^{-2} + \cdots + a_{-m}2^{-m+3}$$

$$\therefore \quad a_{-3}=1$$

また

$$0=a_{-4}2^{-1}+a_{-5}2^{-2}+\cdots+a_{-m}2^{-m+3}$$

これより

$$a_{-4}=a_{-5}=\cdots=a_{-m}=0$$

よって

$$0.125=0.00100\cdots$$
$$=0.001_2$$

となる．10進数小数が必ず2進小数で表されるとは限らない．むしろ $a_i$ の値が無限に続いて表せない場合が多い．たとえば $0.1_{10}$ は2進数で表すと次のようになる．

$$0.1_{10}=0.0001100110011001\cdots$$

このため，我々が用いている10進数をコンピュータに入力し，2進数に直すと必ず誤差が生ずることになる．精度を高めるためには表現する桁数を増やす必要がある．10進数に整数部と小数部がある場合には，それらを別々に2進数に変換して式 (3.1) のように並べればよい．

**問題 3.1** $48.625_{10}$ を2進数に変換せよ．

2進数がコンピュータ内で使用される理由を先に述べた．しかしながら，もう1つの理由がある．それを以下に述べる．今，$r$ 進数 $m$ 桁の数値があるとすると，その記号の総数は $G=mr$ 個必要である．また，それで表せる数値（状態）$W$ は $r^m$ 通りある．たとえば，10進数2桁では00～99まであり，0～9までの記号が2個ずつ $G=2\times 10=20$, $W=10^2=100$ となる．$W$ は表現できる情報の総数となる．

すなわち，

$$G=mr \tag{3.7}$$
$$W=r^m \tag{3.8}$$

である．ここで，$G$ を最小にする $r$ の値はいくらになるか求めてみる．記号の総数を最も少なくできる $r$ の値がよいということになる．式 (3.8) の両辺の対数をとり，$m$ について求めると

$$m = \frac{\ln W}{\ln r} \qquad (3.9)$$

式 (3.9) を式 (3.7) に代入すると,

$$G = \frac{(\ln W) \cdot r}{\ln r} \qquad (3.10)$$

式 (3.10) を $r$ で微分すると,

$$\frac{dG}{dr} = \frac{\ln W (\ln r - 1)}{\ln^2 r} \qquad (3.11)$$

ここで, $dG/dr=0$ となる $r$ の値は $\ln r=1$ の場合である. すなわち,

$$r = e = 2.7182\cdots \qquad (3.12)$$

の場合である. これにより, $e$ 進法が最も効率のよいことがわかる. しかしながら, $r$ は整数であるから 2 進数か 3 進数がよいことになる. 先に述べたように, コンピュータの内部で最も安定に認識できる状態数は 2 であるから 2 進数を用いる.

よく理解しておかなければならないことであるが, 2 進数 $m$ 桁では $2^m$ 個の情報 (状態) が表せる. 正の整数とすると, 10 進数値で $0 \sim (2^m-1)$ までである.

### 3.1.2 8進数と16進数

日常生活において, 主に 10 進数を我々は用いているが, 12 個を 1 まとめにして 1 ダースといったり 60 分で 1 時間とする等, 12 進法や 60 進法も用いている. コンピュータ内においては"1"と"0"による機械語のみが用いられるのであるが, 人間がいきなり"0"と"1"の組み合せを用いてコンピュータ内の状態を表現することは不便である. そこで, 2 進数を 3 桁, あるいは 4 桁ごとにまとめて表す 8 進数 (octal number), 16 進数 (hexadecimal number) が用いられる. 現在, 16 進数がよく用いられる.

2 進数を 8 進数, 16 進数に変換するには小数点を基準にして 3 桁ごとと 4 桁ごとに区切り, 区切りごとに 10 進数に直せばよい. 小数点がない場合には右端にあるものと考えればよい. ただし, 16 進数の 0〜15 までの数字のうち, 10〜15 までの 6 個の数字は A〜F に対応させて用いる. 10 進数, 2 進数, 8 進数, 16 進数の関係を表 3.2 に示す.

表3.2 各進法間の対応

| 10進法 | 2進法 | 8進法 | 16進法 |
|---|---|---|---|
| 0 | 0 | 0 | 0 |
| 1 | 1 | 1 | 1 |
| 2 | 10 | 2 | 2 |
| 3 | 11 | 3 | 3 |
| 4 | 100 | 4 | 4 |
| 5 | 101 | 5 | 5 |
| 6 | 110 | 6 | 6 |
| 7 | 111 | 7 | 7 |
| 8 | 1000 | 10 | 8 |
| 9 | 1001 | 11 | 9 |
| 10 | 1010 | 12 | A |
| 11 | 1011 | 13 | B |
| 12 | 1100 | 14 | C |
| 13 | 1101 | 15 | D |
| 14 | 1110 | 16 | E |
| 15 | 1111 | 17 | F |

一例として $43_{10}$ と $43.6875_{10}$ を2進数, 8進数, 16進数に変換してみる. まず, 2進数に変換すると次のようになる.

$$43_{10} = 101011_2$$
$$43.6875_{10} = 101011.1011_2$$

これを3桁ごとに区切り, それぞれの部分を表3.2より8進数に変換する.

$$43_{10} = \underbrace{101}_{5}\underbrace{011}_{3}{}_2$$
$$= 53_8 \cdots\cdots 答$$
$$\left.\begin{array}{l} = 5\times 8^1 + 3\times 8^0 \\ = 40+3 \\ = 43_{10} \end{array}\right\} 試し算$$

$$43.6875_{10} = \underbrace{101}_{5}\underbrace{011}_{3}.\underbrace{101}_{5}\underbrace{100}_{4}$$
$$= 53.54_8 \cdots\cdots 答$$
$$\left.\begin{array}{l} = 5\times 8^1 + 3\times 8^0 + 5\times 8^{-1} + 4\times 8^{-2} \\ = 43.6875_{10} \end{array}\right\} 試し算$$

次に4桁ごとに区切り，それぞれの部分を16進数に変換する．

$$43_{10} = \underbrace{10}_{2}\underbrace{1011}_{11=B}$$

$$= 2B_{16} \cdots\cdots 答$$

$$\left.\begin{array}{l} = 2 \times 16^1 + 11 \times 16^0 \\ = 43 \end{array}\right\} 試し算$$

$$43.6875_{10} = \underbrace{10}_{2}\underbrace{1011}_{B}.\underbrace{1011}_{B}$$

$$= 2B.B_{16} \cdots\cdots 答$$

$$\left.\begin{array}{l} = 2 \times 16^1 + 11 \times 16^0 + 11 \times 16^{-1} \\ = 43.6875 \end{array}\right\} 試し算$$

**問題 3.2** 次の各10進数を2進数，8進数，16進数で表せ．

① $0.625_{10}$ ② $0.65625_{10}$ ③ $683_{10}$

### 3.1.3 補数

2進数の四則演算はすべて加算に帰着する．乗算は加算の繰り返しで行われ，除算は減算の繰り返しで行われる．2進数の加算と減算の規則を示す．

$$\begin{array}{cccccccc} 0 & 0 & 1 & 1 & 0 & 0 & 1 & 1 \\ +0 & +1 & +0 & +1 & -0 & -1 & -0 & -1 \\ \hline 0 & 1 & 1 & 10 & 0 & 1 & 1 & 0 \end{array} \quad (3.13)$$

　　　　　　　　↑　　　　　　↑
　　　　　　（桁上げあり）（借りあり）

減算は次に述べる補数（complement）を用いて加算に変換することができる．今，$r$進$m$桁の数値$M$があるとき，

$$M' = r^m - M \tag{3.14}$$

で示される$M'$を$r$進$m$桁の補数（complement on $r$）という．また，$(r^m-1)-M$を$(r-1)$の補数という．このとき，$M$は$M'$の補数になり，$M$と$M'$は互いに補数関係にある．

たとえば，10進数2001の補数は次のようになる．

$$\begin{array}{ll} M' = 10^4 - 2001 & M = 10^4 - 7999 \\ \phantom{M'} = 7999 & \phantom{M} = 2001 \end{array}$$

7999と2001は互いに補数関係にある．2進数の補数を求める例を次に示す．$1011_2$ の補数を求める．

$$M' = 2^4 - 1011 \qquad M = 2^4 - 0101$$
$$= 10000 - 1011 \qquad = 10000 - 0101$$
$$= 0101 \qquad \qquad = 1011$$

0101と1011は補数関係にあり，これらを比較すると簡単な規則によって互いの補数を作り出すことができる．すなわち，次のような規則により2進数の補数を作ることができる．

【補数の作り方】
① もとの数の"1"は"0"に，"0"は"1"に反転する．
② 最下位の桁に"1"を加える．

0101の各桁のビットを反転すると1010になる．それに1を加えると，1011となり確かに補数（これを2の補数という）となっている．ここで，1を加えない（反転したのみ）数字は1の補数という．一般に補数というと2の補数を意味する．

【0101の補数】
　　1の補数…1010
　　2の補数…1011

**問題 3.3** 次の数値の各補数を求め，表の中に書け．

|  | 0111 | 10011.11 | 11111111 |
|---|---|---|---|
| 1の補数 |  |  |  |
| 2の補数 |  |  |  |

## 3.1.4 四則演算

3.1.3項でも述べたように，2進数の四則演算はすべて加算により行うことができる．加算と減算の規則についてはそこで述べた．減算においては，実際に減算を行うのではなく，減数の補数を求めそれを被減数に加えることにより減算を行う．たとえば，$A - B$ を演算するとき

$$A - B = A + (\underbrace{r^m - B}_{\text{補数}}) - r^m \tag{3.15}$$

が成立する．ここで，$(r^m - B)$ は $B$ の補数である．式（3.15）に基づいて $1001_2$（10 進数 9）から $0110_2$（10 進数 6）を減じてみる．

$$\begin{aligned}
1001 - 0110 &= 1001 + (10000 - 0110) - 10000 \\
&= 1001 + 1010 - 10000 \\
&= 10011 - 10000 \\
&= 0011 \quad (10 \text{進数} 3)
\end{aligned}$$

この演算過程をみてみると被減数に減数の補数を加え，桁上げ（carry）があった 1 を無視することにほかならない．すなわち，演算としては

```
  1001……被減数
 +1010……0110の補数
 ─────
 ①0011
  └─桁上げの部分を無視する．これは 10000 を減じることと同じである．
```

　　答　0011

被減数が減数より小さい場合（答が負になる）は，桁上がりが生じない．補数を加えて桁上がりが生じない場合は，被減数に減数の補数を加えた値の補数を再びとり，マイナス符号をつけておく．0110 − 1001 を計算してみる．

```
  0110……被減数
 +0111……減数1001の補数
 ─────
 ○1101……桁上がりがない
```

補数をとり，マイナス符号をつけておく．

　　−0011……答（10 進数 −3）

コンピュータ内での減算は，以上述べた補数と加算により行っている．これらの減算の過程をまとめると次のようになる．

---

**【2 進数の減算】**

① 減数の補数を被減数に加える．
② このとき，最上位桁に桁上がりが生じれば，その桁上げは無視する．
③ 最上位桁に桁上がりがなければ，再びその値の補数をとりマイナス符号をつけておく．

3.1 数の表現 ━━━ 41

乗算は 10 進数の場合と非常によく似ている．$1101_2 \times 101_2$ を行う場合を考える．手計算で行う場合は，次に示すように 10 進数の場合と同様に行えばよい．

```
   1101……13₁₀
    101…… 5₁₀
   ─────
   1101
  1101
  ─────
1000001……65₁₀
```

コンピュータ内においては次のような過程により計算される．被乗数 1101 と乗数 101 の入る図 3.1 のような箱（register という．後述する）を用意する．最初被乗数部にはすべて 0 を入れておく．乗数の下位ビットが 1 ならば被乗数をそのまま被乗数部に加え，その後，右方向に 1 桁をところてん式に移動 (shift) する．空いた左端の箱には 0 が入る．乗数部の下位ビットが 0 ならば，移動のみを行う．乗数部の数値がなくなれば終了する．この過程を図 3.1 に示す．このように乗算も加算と桁移動（シフト）で行える．

除算は減算とシフトにより乗算と同様に行うとができる．詳細については省略する．減算は補数を作り加算することにより演算できるから，除算も補数加算とシフトにより演算できることになる．手計算で行うときは次のように行えばよい．

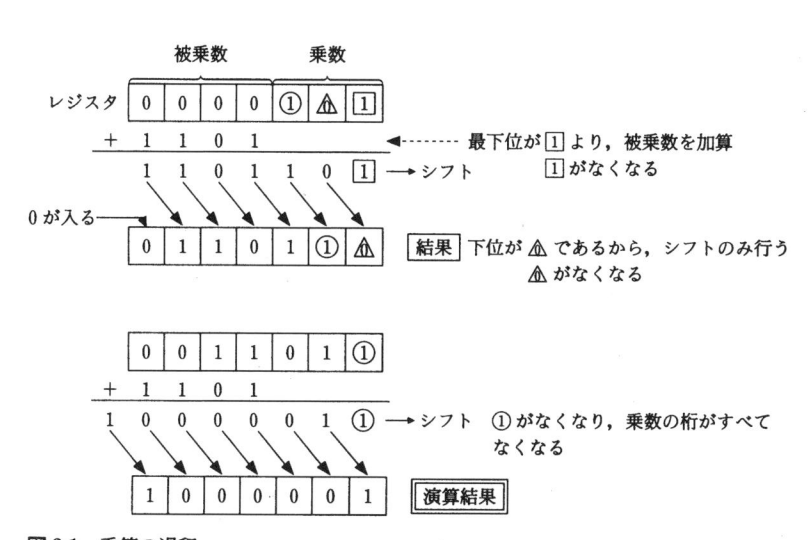

図 3.1　乗算の過程

【例】 1101÷101

```
        10……商
   101) 1101
        101
         11……余り
```

答　1101÷101＝10　余り11

## 3.2 数値データの表現

コンピュータ内で取り扱われるデータは，大きく分けると数値データと非数値データになる．数値データには，10進数値データと2進数値データがあり，非数値データには文字データや論理データ，図形データがある．これらの関係を示すと次のようになる．

```
                    ┌ 数値データ  ┌ 2進数値データ
                    │            └ 10進数値データ
コンピュータ内のデータ ┤
                    │            ┌ 文字データ
                    └ 非数値データ ┤ 論理データ
                                 └ 図形データ
```

### 3.2.1　2進数値データ

先に10進数と2進数の関係について示した．2進数1桁を1ビットというが，コンピュータ内においては，1ビットずつ取り扱うことはまれであり，何ビットか1まとめにして処理する．8ビットを1まとめにしたものをバイト（byte）といい，数バイトを1まとめにしたものを語（word）という．2バイトをハーフワード，4バイトをフルワード，8バイトをダブルワードという．ワード（語）に含まれるバイト数を語長（word length）という．取り扱うデータの語長が常に一定なものを固定語長（fixed word length），可変なものを可変語長（variable word length）という．一般に，汎用コンピュータは両方を取り扱うことができる．2進数値データは固定語長形式である．

2進数値データの中には，固定小数点（fixed point）数と浮動小数点（floating point）数がある．固定小数点数は，$n$ビットの語長のものがある

と,その一番左側の桁(ビット)が符号ビットで,0のときは正,1のときは負を意味する.また,小数点を図3.2に示すように,符号ビットとその次のビットとの間にあると考える場合と,最下位のビットの次に小数点があるものとして考える場合の2通りがある.前者は小数を意味し,後者は整数を意味する.

今,整数を取り扱う場合を考える.16ビットで数値を表し,負数は2の補数表示により表すものとすると,正の値と負の値は表3.3のようになる.この表示方法で,表現できる数値 $x$ は $-2^{16-1} \leq x \leq 2^{16-1}-1$ である.一般に,$n$ ビットの補数表現で表せる整数は次式の範囲にある.

$$-2^{n-1} \leq x \leq 2^{n-1}-1 \tag{3.16}$$

表3.3の表現方法を用いると,最上位の桁が0のときは正,1のときは負数である.

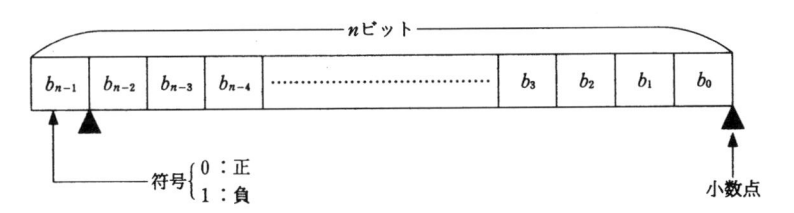

図3.2 固定小数点表示

表3.3 補数による整数の表現

| 10進数 | 正の数 | 負の数 |
|---|---|---|
| 0 | 0000 0000 0000 0000 | |
| 1 | 0000 0000 0000 0001 | 1111 1111 1111 1111 |
| 2 | 0000 0000 0000 0010 | 1111 1111 1111 1110 |
| 3 | 0000 0000 0000 0011 | 1111 1111 1111 1101 |
| 4 | 0000 0000 0000 0100 | 1111 1111 1111 1100 |
| 5 | 0000 0000 0000 0101 | 1111 1111 1111 1011 |
| ⌇ | ⌇ | ⌇ |
| 32766 | 0111 1111 1111 1110 | 1000 0000 0000 0010 |
| 32767 | 0111 1111 1111 1111 | 1000 0000 0000 0001 |
| 32768 | | 1000 0000 0000 0000 |

**問題 3.4** 8ビットの2の補数固定小数点表示で表現できる整数の範囲はいくらか．また，$-99_{10}$ をこの表示方法で表してみよ．

コンピュータ内で科学技術計算を行うときに，非常に大きな数値から小さな数値までの演算を実行せねばならない場合がある．このような場合，固定小数点表示ではうまく処理ができない．そのため，次に示す浮動小数点数を用いる．浮動小数点数では以下に示すように 198.9 を $0.1989 \times 10^3$ のように表示する．このような表示法を用いると，広範囲な数値が取り扱える．0.1989 を仮数部，10 を底，3 を指数部という．演算時には，小数点の位置合せが自動的に行われ，高速処理が可能である．

$$198.9 = \underbrace{0.1989}_{\text{仮数部}} \times 10^{\overset{\text{指数部}}{3}}$$

（底）

実際には，これらの数値が2進数で示される．たとえば，1語4バイトの場合で示すと図 3.3 のように各ビットが割り当てられている．仮数部の小数点の次は有効数字であるから第8ビット目には1が入る．指数部には符号ビットがない．これは，次のような規則により数値を示すからである．7ビットで表される 10 進数は 0～127 である．この中間の $64_{10}(=1000000_2)$ を基準に考えてこれを 0 とする．その値より大きければ正の値，小さければ負の値となる．このように考えると，指数部の表せる数値は $-64$～$+63$ となる．また，底としては 16 が多く用いられる．今，ビット番号 0 の符号を $s$，仮数部を $m$（$1/16 \leq m < 1$），指数部を $p$ とすると，データ値 $x$ は式 (3.17) で表せる．負の数値の場合は，$s$ が 1 であり仮数部の補数がとられる．ただし，$(-1)^0 = 1$ である．

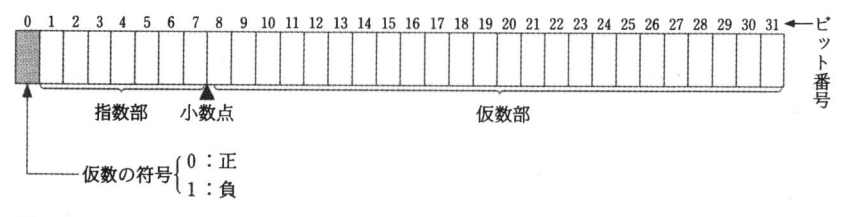

図 3.3 浮動小数点表示

$$x = (-1)^s m \times 16^{p-64} \qquad (3.17)$$

|  |  |  |  |
|---|---|---|---|
| ⋮ | ⋮ |  |  |
| 1000010 | 2 | 正 | (+2乗) |
| 1000001 | 1 | ↑ |  |
| 1000000 | 0 | 基準 |  |
| 0111111 | −1 | ↓ |  |
| 0111110 | −2 | 負 | (−2乗) |
| ⋮ | ⋮ |  |  |

**問題 3.5** $198.9_{10}$ を浮動小数点形式の2進数で示せ．ただし，図3.3に示したように1語4バイト，第0ビット目が仮数の符号，第1ビット目〜第7ビット目が指数部，第8ビット目から第31ビット目が仮数部である．まず，16進数で示し，それを2進数に変換するとわかりやすい．

### 3.2.2 10進数値データ

10進数1桁を2進数4桁（4ビット）で表示する方法を基本として数値を表す方法である．コンピュータ内では，このようにして表された10進数値についての演算を行わねばならない場合が時々ある．しかしながら，処理されるのは，あくまで2進数である．2進数の各ビットは下位の桁からそれぞれ1，2，4，8，すなわち，$2^0$, $2^1$, $2^2$, $2^3$ という重み（weight）がついている．4ビットでは $0000_2$〜$1111_2$ まで表すことができるから，10進数で0〜15まで表示することができる．この中で，1001(=9)を超える数値は用いない．この方法により表示された2進数を2進化10進（BCD: Binary Coded Decimal）コードという．BCDコードを表3.4に示す．BCDコードは，各桁の重みから8421コードとも呼ばれている．この他に5ビットで，10進数字1桁を表す方法もある．この方法は2 out of 5 コードと呼ばれ，5ビット中2ビットが必ず1である．"1"のビットの数を数えることにより誤りが検出できる．表3.4にこのコードも同時に示す．

1バイト（8ビット）を用いて10進数1桁を記憶する方法もある．これはBCDコード（4ビット）を基本としており，1バイトの中の残りの4ビット

## 表3.4 BCDコードと2 out of 5コード

| 10進数 | BCD | 2 out of 5 |
|---|---|---|
| 0 | 0000 | 00011 |
| 1 | 0001 | 11000 |
| 2 | 0010 | 10100 |
| 3 | 0011 | 01100 |
| 4 | 0100 | 10010 |
| 5 | 0101 | 01010 |
| 6 | 0110 | 00110 |
| 7 | 0111 | 10001 |
| 8 | 1000 | 01001 |
| 9 | 1001 | 00101 |

一般形式：ゾーン／数値／ゾーン／数値／ゾーン／数値／符号／数値

```
 0 0 1 1 0 0 0 1 | 0 0 1 1 0 0 0 1 | 0 0 1 1 1 0 0 0 | 1 1 0 0 1 0 0 1
    3      ①        3       ⑨        3       ⑧       C       ⑨
```

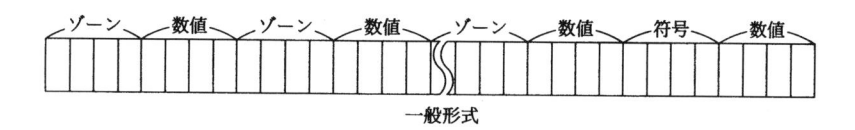

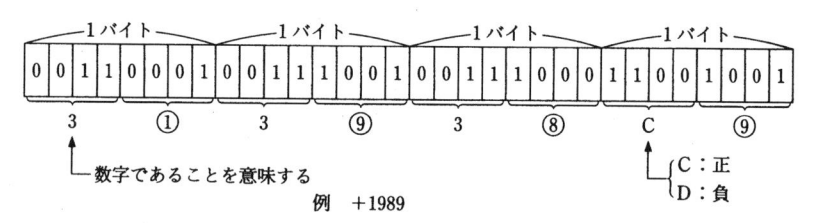

── 数字であることを意味する

例　＋1989

C：正
D：負

**図3.4　ゾーン10進数の形式と例**

で数字を意味していたり，符号を表していたりする．この部分をゾーン (zone) 部という．このような表し方をゾーン10進数 (zone decimal) という．図3.4にゾーン10進数の形式と例を示す．符号は正のとき，$1100_2 = C_{16}$，負のときは，$1101_2 = D_{16}$ を主に用いる．

ゾーン10進数は，文字に変換しやすい等の利点があるので入出力時に用いられる．しかしながら，1バイトに10進数1桁しか記憶されないため，記憶領域の使用効率が非常に悪い．このため，コンピュータ内の演算では，次に示すパック10進数 (packed decimal) が用いられる．この方法では，1バイトに10進数2桁がBCDコードで記憶される．符号は最下位の4ビットで示さ

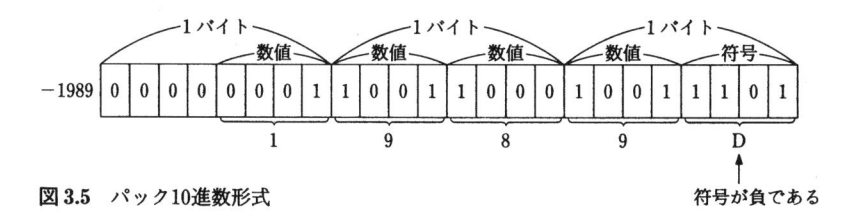

3.3 文字データの表現 —— 47

```
         ┌─1バイト─┐┌─1バイト─┐┌─1バイト─┐
            ─数値─ ─数値─ ─数値─ ─数値─ ─符号─
-1989  0 0 0 0 0 0 0 1 1 0 0 1 1 0 0 0 1 0 0 1 1 1 0 1
             1       9       8       9      D
                                          ↑
図3.5 パック10進数形式                    符号が負である
```

れる．図3.5にパック10進数形式の例を示す．この例では-1989を示している．図に示されているように，BCDコードで示された10進数値2桁を1バイトに詰め込んだ形式である．数値4桁と符号とで2.5バイト必要である．パック10進数はバイト単位であるので，最上位4ビットに0を入れて3バイトとする．この例の場合は，ゾーン形式と比較して1バイト少なくなる．ゾーン形式は，パック形式と対比されてアンパック（unpack）形式とも呼ばれる．

**問題3.6** -1946をゾーン形式とパック形式で示せ．

## 3.3 文字データの表現

$r$進数$m$桁で表せる状態数（情報の種類）は，$r^m$個あることを式（3.8）で示した．コンピュータの中では文字もコード化されて処理される．たとえば，2進数4桁で表される情報の種類は，$2^4=16$個ある．8ビットでは$2^8=256$個である．一般に$x$ビットで表せる情報の種類$N$は式（3.18）となる．式（3.18）の両辺の対数を底を2として求めると，式（3.19）となる．

$$N = 2^x \tag{3.18}$$
$$x = \log_2 N \tag{3.19}$$

式（3.19）は$N$個の情報の種類を表すのに$\log_2 N$ビット必要であることを示している．実際には小数点以下を桁上げする必要がある．すなわち，3.32ビットは4ビットと整数にする．

我々がコンピュータ内で一般に用いる文字としては

英字：26文字
数字：10字
特殊文字：¥@-／+＊％……

である．さらに，英文字の小文字やカナ文字等が使用され，ワープロ等では漢字（第一水準 2965, 第二水準 3384）も使用される．これらの文字はすべて 0 と 1 の組み合せによりコード化されている．一般的には 8 ビットを基本として文字をコード化している．代表的な 3 種類のコードを示す．

拡張 2 進化 10 進コード（EBCDIC コード：Extended Binary Coded Decimal Interchange Code）は，BCD コードを基本としたコードである．このため，拡張 2 進化 10 進コードと呼ばれる．このコードは IBM 社で開発された．これを表 3.5 に示す．文字 A のコードは次のようになっている．上位 4 ビットをゾーン部といい，文字を区分する部分である．

表 3.5 EBCDIC コード

| $b_7$ | $b_6$ | $b_5$ | $b_4$ | $b_3$ | $b_2$ | $b_1$ | $b_0$ | 列 行 | 0 | 1 | 2 | 3 | 4 | 5 | 6 | 7 | 8 | 9 | 10 | 11 | 12 | 13 | 14 | 15 |
|---|---|---|---|---|---|---|---|---|---|---|---|---|---|---|---|---|---|---|---|---|---|---|---|---|
| | | | | 0 | 0 | 0 | 0 | 0 | NUL | | | | SP | & | - | | | | | | | | | 0 |
| | | | | 0 | 0 | 0 | 1 | 1 | | | | | | / | | | a | j | | | A | J | | 1 |
| | | | | 0 | 0 | 1 | 0 | 2 | | | | | | | | | b | k | s | | B | K | S | 2 |
| | | | | 0 | 0 | 1 | 1 | 3 | | | | | | | | | c | l | t | | C | L | T | 3 |
| | | | | 0 | 1 | 0 | 0 | 4 | PF | RES | BYP | PN | | | | | d | m | u | | D | M | U | 4 |
| | | | | 0 | 1 | 0 | 1 | 5 | HT | NL | LF | RS | | | | | e | n | v | | E | N | V | 5 |
| | | | | 0 | 1 | 1 | 0 | 6 | LC | BS | EOB | UC | | | | | f | o | w | | F | O | W | 6 |
| | | | | 0 | 1 | 1 | 1 | 7 | DEL | IL | PRE | EOT | | | | | g | p | x | | G | P | X | 7 |
| | | | | 1 | 0 | 0 | 0 | 8 | | | | | | | | | h | q | y | | H | Q | Y | 8 |
| | | | | 1 | 0 | 0 | 1 | 9 | | | | | | | | | i | r | z | | I | R | Z | 9 |
| | | | | 1 | 0 | 1 | 0 | 10 | | | | | | | - | ! | ∧ | : | | | | | | |
| | | | | 1 | 0 | 1 | 1 | 11 | | | | | | | . | \ | ' | # | | | | | | |
| | | | | 1 | 1 | 0 | 0 | 12 | | | | | | | < | * | % | @ | | | | | | |
| | | | | 1 | 1 | 0 | 1 | 13 | | | | | | | ( | ) | _ | , | | | | | | |
| | | | | 1 | 1 | 1 | 0 | 14 | | | | | | | + | ; | > | = | | | | | | |
| | | | | 1 | 1 | 1 | 1 | 15 | | | | | | | \| | ¬ | ? | . | | | | | | |

```
  ┌── H ──┐ ┌── A ──┐ ┌── R ──┐ ┌── U ──┐
  1 1 0 0 1 0 0 0 1 1 0 0 0 0 0 1 1 1 0 1 1 0 0 1 1 1 1 0 0 1 0 0
    C       8       C       1       D       9       E       4   ←16進数
```

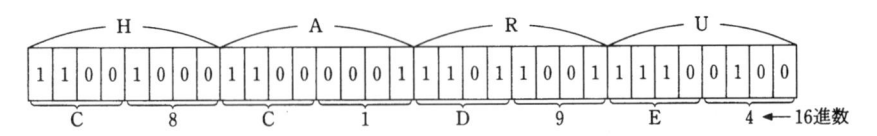

図 3.6 EBCDIC コードによるデータ例

3.3 文字データの表現 —— 49

```
      b₇ b₆ b₅ b₄  b₃ b₂ b₁ b₀
A      1  1  0  0   0  0  0  1
       ⎵⎵⎵⎵⎵⎵⎵    ⎵⎵⎵⎵⎵⎵⎵⎵⎵⎵
       ゾーン部    ゾーン部に対する文字
```

EBCDICコードで文字データ"HARU"を1語32ビットで表すと図3.6のようになる．人間が話すときには16進数で表現すると煩わしくない．

表3.6にJIS C6220による8ビットコード表を示す．このコードはISO（国際標準化機構）とCCITT（国際電信電話諮問委員会）が勧告したコードを基準としてカタカナ文字等を付け加えたものである．表3.7にANSI（American National Standards Institute，米国規格協会）でコード化したコード（ASCIIコード）を示す．

**問題 3.7** 文字データ"YS11"をJIS 8ビットコードとEBCDICコードで示せ．

**表3.6** JIS C6220 8ビットコード

| b₇ | | | | | | | 0 | 0 | 0 | 0 | 0 | 0 | 0 | 0 | 1 | 1 | 1 | 1 | 1 | 1 | 1 | 1 |
|---|---|---|---|---|---|---|---|---|---|---|---|---|---|---|---|---|---|---|---|---|---|---|
| b₆ | | | | | | | 0 | 0 | 0 | 0 | 1 | 1 | 1 | 1 | 0 | 0 | 0 | 0 | 1 | 1 | 1 | 1 |
| b₅ | | | | | | | 0 | 0 | 1 | 1 | 0 | 0 | 1 | 1 | 0 | 0 | 1 | 1 | 0 | 0 | 1 | 1 |
| b₄ | | | | | | | 0 | 1 | 0 | 1 | 0 | 1 | 0 | 1 | 0 | 1 | 0 | 1 | 0 | 1 | 0 | 1 |
| b₇ | b₆ | b₅ | b₄ | b₃ | b₂ | b₁ | b₀ | 列行 | 0 | 1 | 2 | 3 | 4 | 5 | 6 | 7 | 8 | 9 | 10 | 11 | 12 | 13 | 14 | 15 |
| 0 | 0 | 0 | 0 | | | | | 0 | NUL | (TC₇)DLE | SP | 0 | @ | P | ' | p | ▲ | ▲ | | ー | タ | ミ | ▲ | ▲ |
| 0 | 0 | 0 | 1 | | | | | 1 | (TC₁)SOH | DC₁ | ! | 1 | A | Q | a | q | | | 。 | ア | チ | ム | | |
| 0 | 0 | 1 | 0 | | | | | 2 | (TC₂)STX | DC₂ | " | 2 | B | R | b | r | | | 「 | イ | ツ | メ | | |
| 0 | 0 | 1 | 1 | | | | | 3 | (TC₃)ETX | DC₃ | # | 3 | C | S | c | s | | | 」 | ウ | テ | モ | | |
| 0 | 1 | 0 | 0 | | | | | 4 | (TC₄)EOT | DC₄ | $ | 4 | D | T | d | t | | | 、 | エ | ト | ヤ | | |
| 0 | 1 | 0 | 1 | | | | | 5 | (TC₅)ENQ | (TC₈)NAK | % | 5 | E | U | e | u | 機能符号（未定義） | 機能符号（未定義） | ・ | オ | ナ | ユ | 国字符号部分 | 国字符号部分 |
| 0 | 1 | 1 | 0 | | | | | 6 | (TC₆)ACK | (TC₉)SYN | & | 6 | F | V | f | v | | | ヲ | カ | ニ | ヨ | | |
| 0 | 1 | 1 | 1 | | | | | 7 | BEL | (TC₁₀)ETB | ' | 7 | G | W | g | w | | | ア | キ | ヌ | ラ | | |
| 1 | 0 | 0 | 0 | | | | | 8 | FE₀(BS) | CAN | ( | 8 | H | X | h | x | | | イ | ク | ネ | リ | | |
| 1 | 0 | 0 | 1 | | | | | 9 | FE₁(HT) | EM | ) | 9 | I | Y | i | y | | | ウ | ケ | ノ | ル | | |
| 1 | 0 | 1 | 0 | | | | | 10 | FE₂(LF) | SUB | * | : | J | Z | j | z | | | エ | コ | ハ | レ | | |
| 1 | 0 | 1 | 1 | | | | | 11 | FE₃(VT) | ESC | + | ; | K | [ | k | { | | | オ | サ | ヒ | ロ | | |
| 1 | 1 | 0 | 0 | | | | | 12 | FE₄(FF) | IS₄(FS) | , | < | L | ¥ | l | \| | | | ヤ | シ | フ | ワ | | |
| 1 | 1 | 0 | 1 | | | | | 13 | FE₅(CR) | IS₃(GS) | - | = | M | ] | m | } | | | ユ | ス | ヘ | ン | | |
| 1 | 1 | 1 | 0 | | | | | 14 | SO | IS₂(RS) | . | > | N | ∧ | n | ー | | | ヨ | セ | ホ | ゛ | | |
| 1 | 1 | 1 | 1 | | | | | 15 | SI | IS₁(US) | / | ? | O | — | o | DEL | ▼ | ▼ | ッ | ソ | マ | ゜ | ▼ | ▼ |

機能コード

表3.7 ASCII 8ビットコード

| $b_7$ | $b_6$ | $b_5$ | $b_4$ | $b_3$ | $b_2$ | $b_1$ | $b_0$ | 列行 | 0 | 0 | 0 | 0 | 1 | 1 | 1 | 1 |
|---|---|---|---|---|---|---|---|---|---|---|---|---|---|---|---|---|
|   |   |   |   |   |   |   |   |   | 0 | 0 | 1 | 1 | 0 | 0 | 1 | 1 |
|   |   |   |   |   |   |   |   |   | 0 | 1 | 0 | 1 | 0 | 1 | 0 | 1 |
|   |   |   |   |   |   |   |   |   | 0 | 1 | 2 | 3 | 4 | 5 | 6 | 7 |
|   |   |   |   | 0 | 0 | 0 | 0 | 0 | NUL | $(TC_7)$DLE | SP | 0 | @ | P | ` | p |
|   |   |   |   | 0 | 0 | 0 | 1 | 1 | $(TC_1)$SOH | $DC_1$ | ! | 1 | A | Q | a | q |
|   |   |   |   | 0 | 0 | 1 | 0 | 2 | $(TC_2)$STX | $DC_2$ | " | 2 | B | R | b | r |
|   |   |   |   | 0 | 0 | 1 | 1 | 3 | $(TC_3)$ETX | $DC_3$ | # | 3 | C | S | c | s |
|   |   |   |   | 0 | 1 | 0 | 0 | 4 | $(TC_4)$EOT | $DC_4$ | $ | 4 | D | T | d | t |
|   |   |   |   | 0 | 1 | 0 | 1 | 5 | $(TC_5)$ENQ | $(TC_8)$NAK | % | 5 | E | U | e | u |
|   |   |   |   | 0 | 1 | 1 | 0 | 6 | $(TC_6)$ACK | $(TC_9)$SYN | & | 6 | F | V | f | v |
|   |   |   |   | 0 | 1 | 1 | 1 | 7 | BEL | $(TC_{10})$ETB | ' | 7 | G | W | g | w |
|   |   |   |   | 1 | 0 | 0 | 0 | 8 | $FE_0$(BS) | CAN | ( | 8 | H | X | h | x |
|   |   |   |   | 1 | 0 | 0 | 1 | 9 | $FE_1$(HT) | EM | ) | 9 | I | Y | i | y |
|   |   |   |   | 1 | 0 | 1 | 0 | 10 | $FE_2$(LF) | SUB | * | : | J | Z | j | z |
|   |   |   |   | 1 | 0 | 1 | 1 | 11 | $FE_3$(VT) | ESC | + | ; | K | [ | k | { |
|   |   |   |   | 1 | 1 | 0 | 0 | 12 | $FE_4$(FF) | $IS_4$(FS) | , | < | L | \ | l | \| |
|   |   |   |   | 1 | 1 | 0 | 1 | 13 | $FE_5$(CR) | $IS_3$(GS) | − | = | M | ] | m | } |
|   |   |   |   | 1 | 1 | 1 | 0 | 14 | SO | $IS_2$(RS) | . | > | N | ∧ | n | − |
|   |   |   |   | 1 | 1 | 1 | 1 | 15 | SI | $IS_1$(US) | / | ? | O | − | o | DEL |

↑パリティ・ビット（後述する）

機能コード

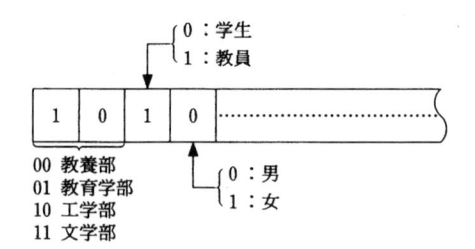

図3.7 論理データの例

00 教養部
01 教育学部
10 工学部
11 文学部

0：学生
1：教員

0：男
1：女

## 3.4 論理データ

データの各ビットに特別な意味を持たせたり，論理変数（後述）の真または偽を表すために使用されるデータである．この論理データの演算には，AND, OR, NOT, EOR (Exclusive OR)等が用いられる．これらについては後述する．

論理データの一例を図3.7に示す．これは，最初の2ビットで大学等の学部

を示し，3ビット目で教員か学生，4ビット目で男女の区別をしていくものである．

## 3.5 コードの誤り検出と訂正

コンピュータにデータを入力するときや処理中，また，出力するときにデータのビットが変わったりなくなったりする．これらビットの誤りを全く知らないで処理を進めることは大変に怖いことである．このため，いろいろな誤りの検出方法があり，また，誤りを訂正することも可能である．本節では，パリティチェックとサイクリックチェックについて述べる．

### 3.5.1 奇偶検査

これはパリティチェック（parity check）とも呼ばれ，非常によく用いられる．たとえば，表3.7のASCIIコードで$b_7$がパリティ・ビットになっている．すなわち，Aというコードは

$\quad$ A＝$b_7$100 0001

となっている．このコードには"1"の数が2個ある．この個数が奇数になるように$b_7$に"0"か"1"を付加する場合を奇数パリティチェック（odd parity check）という．偶数になるように付加する場合を偶数パリティチェック（even parity check）という．奇数パリティを$b_7$に付けると次のようになる．$b_7$のようなチェック用ビットをパリティビット（parity bit）という．

$\quad$ A＝1100 0001　　（"1"の数が3個）

このような方法においては，1ビットの誤りを検出できるが，どのビットが誤っていたか検出できない．また，データ中に2ビットの誤りが発生した場合は検出することができない．このため，表3.8に示すように，いくつかの文字を複数個まとめてブロック（block）として，このブロックごとに水平方向にパリティビットを付け，かつ，垂直方向にもパリティビットを付ける方法がある．図ではASCIIコードを用いている．垂直は奇数パリティで，水平は偶数パリティを採用している．水平パリティと垂直パリティチェックを用いると誤りを訂正することができる．

**表 3.8** 水平・垂直パリティチェック

| データ | T | O | K | Y | O | 水平パリティ |
|---|---|---|---|---|---|---|
| $b_6$ | 1 | 1 | 1 | 1 | 1 | 1 |
| $b_5$ | 0 | 0 | 0 | 0 | 0 | 0 |
| $b_4$ | 1 | 0 | 0 | 1 | 0 | 0 |
| $b_3$ | 0 | 1 | 1 | 1 | 1 | 0 |
| $b_2$ | 1 | 1 | 0 | 0 | 1 | 1 |
| $b_1$ | 0 | 1 | 1 | 0 | 1 | 1 |
| $b_0$ | 0 | 1 | 1 | 1 | 1 | 0 |
| 垂直パリティ | 0 | 0 | 1 | 1 | 0 | 0 |

### 3.5.2 サイクリックチェック

水平か垂直のどちらか一方のパリティチェックでは，誤りを検出できても訂正はできなかった．サイクリックチェック（cyclic check）では，チェックビットの数をさらに増し，誤りビットを訂正することができる．サイクリックチェックにはハミングコード（Hamming code）と CRC コード（Cyclic Redundancy Check code）の2つのコードがある．ハミングコードはアメリカのベル研究所のハミングによって考案されたもので，主記憶装置内のデータの誤り検出に使用される．CRC コードは，磁気ディスク装置等の媒体の小さな傷によるバースト誤り（burst error）を検出するために用いられている．バースト誤りは連続的なビットエラーとなり出力される．磁気テープも水平方向の誤り検出のために CRC コードを用いている．たとえば，磁気テープの CRC コードとして 16 ビットもある．このように，誤り検出，訂正の原理は本来のデータに冗長ビットを付け加えることである．

ハミングコードの例について述べる．今，本来のデータを4ビットの情報として，$1101_2$ とする．これに誤りを検出するために，3ビットの冗長ビットを△印として次のように付加する．

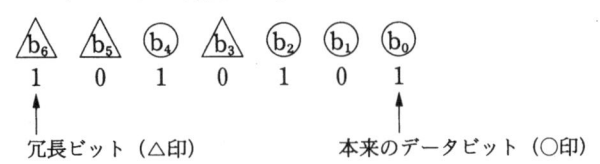

$$\underset{1}{\triangle b_6} \quad \underset{0}{\triangle b_5} \quad \underset{1}{\bigcirc b_4} \quad \underset{0}{\triangle b_3} \quad \underset{1}{\bigcirc b_2} \quad \underset{0}{\bigcirc b_1} \quad \underset{1}{\bigcirc b_0}$$

冗長ビット（△印）　　本来のデータビット（○印）

$b_4$, $b_2$, $b_1$, $b_0$ が本来のデータであり，$b_6$, $b_5$, $b_3$ は冗長ビット（チェック

ビット）である．このチェックビット $b_6$, $b_5$, $b_3$ は式（3.20）で与えられる．ここで $\oplus$ は排他的論理和（EOR：Exclusive OR）といい，作用するビットが異なるときに1となる．たとえば $b_6$ は，$b_4=1$, $b_2=1$ より $b_4 \oplus b_2=0$. この0と $b_0=1$ との EOR をとると $b_6=1$ となる．同様に $b_5=0$, $b_3=0$ となる．

$$\begin{aligned} b_6 &= b_4 \oplus b_2 \oplus b_0 \\ b_5 &= b_4 \oplus b_1 \oplus b_0 \\ b_3 &= b_2 \oplus b_1 \oplus b_0 \end{aligned} \quad (3.20)$$

誤りビットを算出するために，3桁の2進数 $p=p_3p_2p_1$ を式（3.21）のように定義する．誤りが全くないときは $p=000_2$ である．$p$ は，上位ビットから数えて何番目が誤りであるかを示している．

$$\begin{aligned} p &= p_3p_2p_1 \\ p_1 &= b_6 \oplus b_4 \oplus b_2 \oplus b_0 \\ p_2 &= b_5 \oplus b_4 \oplus b_1 \oplus b_0 \\ p_3 &= b_3 \oplus b_2 \oplus b_1 \oplus b_0 \end{aligned} \quad (3.21)$$

今，1010101が1010001（アンダーラインの所が誤り）となったとすると，

| $b_6$ | $b_5$ | $b_4$ | $b_3$ | $b_2$ | $b_1$ | $b_0$ |
|---|---|---|---|---|---|---|
| 1 | 0 | 1 | 0 | 0 | 0 | 1 |

$$\begin{aligned} p_1 &= 1 \oplus 1 \oplus 0 \oplus 1 = 1 \\ p_2 &= 0 \oplus 1 \oplus 0 \oplus 1 = 0 \\ p_3 &= 0 \oplus 0 \oplus 0 \oplus 1 = 1 \\ \therefore \quad p &= p_3p_2p_1 = 101_2 = 5 \end{aligned}$$

よって，上位ビットから数えて5番目，すなわち $b_2$ が誤っていたことになる．この例のように，本来のデータが4ビットなのに冗長ビットを付加して7ビットでデータを示している．7ビットすべてをデータビットとして用いることができれば $2^7=128$ 通りのデータを表すことができるのに，$2^4=16$ 通りしかデータとして用いることができない．

**問題 3.8** 式（3.20）を用いて次のハミングコードの例を示した表を埋めよ．また，データ9が0011011と表された．どのビットが誤っているか式により示せ．

| データ | $b_6$ | $b_5$ | $b_4$ | $b_3$ | $b_2$ | $b_1$ | $b_0$ |
|---|---|---|---|---|---|---|---|
| 0 |  |  | 0 |  | 0 | 0 | 0 |
| 1 |  |  | 0 |  | 0 | 0 | 1 |
| 2 |  |  | 0 |  | 0 | 1 | 0 |
| 3 |  |  | 0 |  | 0 | 1 | 1 |
| 4 |  |  | 0 |  | 1 | 0 | 0 |
| 5 |  |  | 0 |  | 1 | 0 | 1 |
| 6 |  |  | 0 |  | 1 | 1 | 0 |
| 7 |  |  | 0 |  | 1 | 1 | 1 |
| 8 |  |  | 1 |  | 0 | 0 | 0 |
| 9 |  |  | 1 |  | 0 | 0 | 1 |
| 10 |  |  | 1 |  | 0 | 1 | 0 |
| 11 |  |  | 1 |  | 0 | 1 | 1 |
| 12 |  |  | 1 |  | 1 | 0 | 0 |
| 13 |  |  | 1 |  | 1 | 0 | 1 |
| 14 |  |  | 1 |  | 1 | 1 | 0 |
| 15 |  |  | 1 |  | 1 | 1 | 1 |

## 演習問題

**3.1** 数値の表現に関する次の記述中の（　）に入れるべき適当な数値を解答群の中から選べ．

(1) 10進数37は，重みが8-4-2-1である2進化10進表記法では（ a ）と表現され，純2進表記法では（ b ）と表現される．
また（ b ）の2の補数は（ c ）であり，1の補数は（ d ）である．

(2) 2進数1010.01は8進数では（ e ）であり，10進数では（ f ）である．

(3) 16進数123と8進数123の和および差は8進数表示で（ g ）および（ h ）である．

〔a，bに関する解答群〕
ア　00100101　　イ　00110111　　ウ　01001010

〔c，dに関する解答群〕
ア　11011010　　イ　11001000　　ウ　10110101
エ　11011011　　オ　11001001　　カ　10110110

〔e, fに関する解答群〕

ア 10.1　　イ 10.2　　ウ 10.25
エ 12.1　　オ 12.2　　カ 12.25

〔g, hに関する解答群〕

ア 0　　イ D0　　ウ 176
エ 246　　オ 320　　カ 566

**3.2** 数の表記法に関する次の記述中の（　）に入れるべき適当な数値を解答群の中から選べ．

(1) 10進数175および0.953125を8進数に変換するとそれぞれ（ a ）および（ b ）になる．

(2) 2進数101000の1に対する補数は（ c ）であり，2に対する補数は（ d ）である．

(3) 2つの2進数XおよびYがあり，これらの2に対する補数がそれぞれ1100010および1011101であるとき，X−Y=ZとなるZを10進数で表示すると（ e ）となる．

〔aに関する解答群〕

ア 257　　イ 263　　ウ 362　　エ 752

〔bに関する解答群〕

ア 0.35　　イ 0.53　　ウ 0.57　　エ 0.75

〔c, dに関する解答群〕

ア 010111　　イ 011000　　ウ 011111　　エ 101000
オ 101001　　カ 110111

〔eに関する解答群〕

ア −123　　イ −5　　ウ 5　　エ 123

**3.3** シフト（桁移動）を用いた乗算に関する次の記述中の（　）に入れるべき適当な語句または数値を解答群の中から選べ．

　数値表現が2の補数形式で行われる計算機において，あふれの起きない範囲において，数を4倍にするには，（ a ）に（ b ）ビットシフトさせればよい．今，19×11という乗算を考えてみる．すなわち，

$$19 \times 11 = 19 \times (2^{(c)} + 2^{(d)} + 1)$$

と変形されるので，19を（ e ）へ（ c ）ビットシフトした結果，

( f )へ( d )ビットシフトした結果および 19 を加算すればよいことがわかる．

〔a，e，f に関する解答群〕
ア　左　　　イ　右

〔b，c，d に関する解答群〕
ア　0　　イ　1　　ウ　2　　エ　3　　オ　4　　カ　5

**3.4** 数値データに関する次の記述中の（　）に入れるべき適当な字句を解答群の中から選べ．

　コンピュータで処理される数値には，2 進数，( a )，( b )，( c ) などがあり，これがさらに( d )と( e )とに分類できる．前者は最も一般的に使用され，指数部は持っていない．後者は指数部を付け，広範囲の数値が扱えるので( f )に適している．
( a )は，( g )に適しており，多くの場合，数字は 4 ビットで表現される．この 1 桁を 4 ビットで表現する方式はさらに 1 バイト（8 ビット）中に 2 桁の数字を含む( h )と，1 桁の数字しか含まない( i )に分類できる．後者は前者に比べてメモリ使用効率は落ちるが，文字（キャラクタ）に変換しやすいという利点がある．( b )，( c )は本質的には( j )であり，これをそれぞれ，3 ビットまたは 4 ビットごとに区切ってわかりやすくしたものである．

〔解答群〕
ア　事務データ処理　　イ　科学技術計算　　ウ　パック形式
エ　ゾーン形式　　　　オ　固定小数点　　　カ　浮動小数点
キ　2 進数　　　　　　ク　8 進数　　　　　ケ　10 進数
コ　16 進数

**3.5** 10 進数の表現に関する次の記述中の（　）に入れるべき適当な字句を解答群の中から選べ．

　数値データをコンピュータ内部で 10 進数で表現する方法には，ゾーン 10 進数とパック 10 進数とがある．
　同じ数値を表現するのに，ゾーン 10 進数の方がパック 10 進数より必要とするバイト数は( a )．
　たとえば，1,000 を表現するのに，ゾーン 10 進数では最低( b )バ

イト，パック10進数では最低（ c ）バイトが必要である．

正負の符号は，どちらも（ d ）端バイトを利用して表現するが，ゾーン10進数ではそのバイトの（ e ）4ビット，パック10進数では（ f ）4ビットを利用して表現する．

〔a～cに関する解答群〕
ア 多い　　イ 少ない　　ウ ほぼ等しい　　エ 2
オ 3　　　カ 4　　　　　キ 5　　　　　　　ク 6

〔dに関する解答群〕
ア 右　　イ 左

〔e，fに関する解答群〕
ア 上位　　イ 下位

3.6 汎用コンピュータの10進数の表現に関する次の記述中の（　）に入れるべき適切な字句を，解答群の中から選べ．解答は重複して選んでもよい．

数値データをコンピュータ内部で10進表現するには，（ a ）10進数形式や（ b ）10進数形式などがある．

同じ数値を表現するのに，（ a ）10進数の方が（ b ）10進数より必要とするバイト数は少ない．

例えば32,000を表現するのに，（ a ）10進数では最低（ c ）バイト，（ b ）10進数では最低（ d ）バイトが必要である．

磁気ディスクファイルの入出力の際の有効な情報の転送効率は，（ e ）10進数の方が良い．

キーボード入力や印字出力の際の文字の表現は，（ f ）10進数の方がコンピュータにとって負担が軽い．

〔解答群〕
ア ゾーン　　イ パック　　ウ バイナリ　　エ 2
オ 3　　　　カ 4　　　　　キ 5　　　　　　ク 6

# 第4章

# 論理回路

　前章において，コンピュータで処理できるのは0と1を取り扱う2進数であることを述べた．2進数（2値の状態）を取り扱う回路が論理回路（logic circuit）である．コンピュータは論理回路から構成されている．論理回路は0と1から成る離散的な値を取り扱うため，デジタル回路（digital circuit）とも呼ばれる．論理回路の動作を数学的に取り扱うのがブール代数（Boolean algebra）である．ブール代数により論理回路の動作を数式化したり，シミュレーション（模擬実験，simulation）を行ったりすることができる．

## 4.1　ブール代数

　ブール代数は，1854年に英国の数学者ブール（George Boole, 1815-1864）により発表されたもので，論理関係を数学的に取り扱う学問である．ブールが発表した理論は長い間，脚光を浴びることがなかった．1930年代後半になると電気回路へ応用されはじめた．中でもシャノン（Claude E. Shannon, 1916-）の研究が成果を収めた．
　ブール代数においては文章を変数として用いる．たとえば，「リンゴは赤い」等という文章に演算を施す．このときの演算は"または"とか"および"，"〜でない"等である．「リンゴは赤い」という文章は，その内容が正しいか正しくないか明確である．このように判断が明確になるものを命題（proposition）という．正しい場合を真（true）の命題，正しくない場合を偽（false）の命題という．また，命題を変数として示す．たとえば，「リンゴは赤い」という命題を$p$として表すとき，$p$を論理変数（Boolean variable）という．論

理変数のとる値は真か偽である．真のとき $p=1$，偽のとき $p=0$ と表す．これらの例を示す．

　　　$p$：「リンゴは赤い」
　　　$p=1$

いくつかの命題を結合して作られたものを複合命題という．たとえば，次のような命題 $p$, $q$ があると

　　　$p$：「豊臣秀吉は関白であった」　　　　　　　　　　　　　　(4.1)
　　　$q$：「豊臣秀吉の母は日本人である」　　　　　　　　　　　　(4.2)

「豊臣秀吉は関白であり，豊臣秀吉の母は日本人である」という命題は $p$ と $q$ の複合命題であり，$p$ と $q$ がともに真ならば，この複合命題も真である．この複合命題を $f$ とし，$f$ により $y$ が導かれるとすると，この関係は式 (4.3) で示される．一般には，式 (4.4) となる．$y$ を論理関数 (logical function) という．

$$y=f(p, q) \tag{4.3}$$
$$y=f(p, q, r, \cdots) \tag{4.4}$$

　論理変数のとり得る値（0か1）のすべての組み合せについて，$y$ のとり得る値（0か1）をまとめて表にしたものを真理値表 (truth table) という．今，$p$, $q$ なる命題があるとき，$y$ のとり得る値をまとめてみると表4.1のようになる．これらの $y$ を $y_0$, $y_1$, $y_2$, $\cdots$, $y_{15}$ と表す．$y_0$ は $p$ と $q$ が真であろうが偽であろうが，常に偽である論理関数である．$n$ 個の変数があるとき，変数のとる組み合せは $2^n$ 通りある．そのときの全論理関数は $2^{2^n}$ 通りである．

　論理変数 $p$, $q$ に対して，次のような3つの複合命題を定義する．それらを否定，論理積，論理和という．またそれぞれの論理演算に対して，次に示すような記号を用いる．

　　　「$p$ でない」　　　　　　　　　否定 (NOT)　記号 $\bar{p}$
　　　「$p$ であり，かつ，$q$ である」　　論理積(AND)　記号 $p$ AND $q$, $p \cdot q$
　　　「$p$ であるか，または，$q$ である」論理和(OR)　記号 $p$ OR $q$, $p+q$

これらの真理値表をまとめると表4.2のようになる．たとえば，論理積 ($p \cdot q$) においては $p$ も $q$ も真でないと真にはならないということを意味する．これは，満場一致の原則と同じである．すなわち，すべてが真でないと真にならないということである．論理和 ($p+q$) は，1人でも賛成者（真）がいれば

## 4.1 ブール代数

**表4.1** 2変数の全論理関数

| $p$ | $q$ | $y_0$ | $y_1$ | $y_2$ | $y_3$ | $y_4$ | $y_5$ | $y_6$ | $y_7$ | $y_8$ | $y_9$ | $y_{10}$ | $y_{11}$ | $y_{12}$ | $y_{13}$ | $y_{14}$ | $y_{15}$ |
|---|---|---|---|---|---|---|---|---|---|---|---|---|---|---|---|---|---|
| 0 | 0 | 0 | 0 | 0 | 0 | 0 | 0 | 0 | 0 | 1 | 1 | 1 | 1 | 1 | 1 | 1 | 1 |
| 0 | 1 | 0 | 0 | 0 | 0 | 1 | 1 | 1 | 1 | 0 | 0 | 0 | 0 | 1 | 1 | 1 | 1 |
| 1 | 0 | 0 | 0 | 1 | 1 | 0 | 0 | 1 | 1 | 0 | 0 | 1 | 1 | 0 | 0 | 1 | 1 |
| 1 | 1 | 0 | 1 | 0 | 1 | 0 | 1 | 0 | 1 | 0 | 1 | 0 | 1 | 0 | 1 | 0 | 1 |

**表4.2** 否定,論理積,論理和の真理値表

| $p$ | $q$ | $\bar{p}$ | $p \cdot q$ | $p+q$ |
|---|---|---|---|---|
| 0 | 0 | 1 | 0 | 0 |
| 0 | 1 | 1 | 0 | 1 |
| 1 | 0 | 0 | 0 | 1 |
| 1 | 1 | 0 | 1 | 1 |

**表4.3** NAND, NOR, EOR の真理値表

| $p$ | $q$ | $\overline{p \cdot q}$ | $\overline{p+q}$ | $p \oplus q$ |
|---|---|---|---|---|
| 0 | 0 | 1 | 1 | 0 |
| 0 | 1 | 1 | 0 | 1 |
| 1 | 0 | 1 | 0 | 1 |
| 1 | 1 | 0 | 0 | 0 |

実行する(真)ことに対応している.否定($\bar{p}$)は,$p$が真のとき偽になるし$p$が偽のとき真になる.

さらに,今後よく使う論理演算として,表4.3に示す3つがある.否定積($\overline{p \cdot q}$)は論理積の否定であり,NANDと呼ぶ.否定和($\overline{p+q}$)は論理和の否定でありNORと呼ぶ.排他的論理和(Exclusive OR)は$p$と$q$が異なるときにのみ真("1")になるもので,EORとも呼び$p \oplus q$と書く.

表4.2と表4.3の論理演算を任意に組み合せることにより,複雑な論理関数を簡単化することができる.論理演算の基本公式を表4.4にまとめて示す.これらの公式の証明の1つとして,右辺と左辺の真理値表を作り,$p$,$q$,$r$のいかなる組み合せに対しても等しいことを確かめればよい.表4.4の各番号に対する(a)と(b)の公式は双対(dual)であるという.すなわち,(a)と(b)の論理式で,両式が互いに論理積を論理和に,論理和を論理積に,1を0に,0を1に置き換えたものになっている.すなわち,式(4.5)が成立すれば式(4.6)が成り立つ.式(4.5)で,1が0,0が1,+が・,・が+になったものが式(4.6)である.

$$f(p_1, p_2, p_3, \cdots, p_n, 1, 0, +, \cdot)$$
$$= g(p_1, p_2, p_3, \cdots, p_n, 1, 0, +, \cdot) \tag{4.5}$$
$$f(p_1, p_2, p_3, \cdots, p_n, 0, 1, \cdot, +)$$
$$= g(p_1, p_2, p_3, \cdots, p_n, 0, 1, \cdot, +) \tag{4.6}$$

**表 4.4　論理演算の基本公式**

| 番号 | (a) | (b) | 備考 |
|---|---|---|---|
| 1 | $p+0=p$ | $p \cdot 1=p$ | 恒等則 |
| 2 | $p+1=1$ | $p \cdot 0=0$ | |
| 3 | $p+p=p$ | $p \cdot p=p$ | ベキ等則 |
| 4 | $p+\bar{p}=1$ | $p \cdot \bar{p}=0$ | 排中則，矛盾則 |
| 5 | $\bar{\bar{p}}=p$ | 自己双対 | 回帰則 |
| 6 | $p+q=q+p$ | $p \cdot q=q \cdot p$ | 交換則 |
| 7 | $(p+q)+r=p+(q+r)$ | $(p \cdot q) \cdot r=p \cdot (q \cdot r)$ | 結合則 |
| 8 | $p+q \cdot r=(p+q) \cdot (p+r)$ | $p \cdot (q+r)=p \cdot q+p \cdot r$ | 分配則 |
| 9 | $p+p \cdot q=p$ | $p \cdot (p+q)=p$ | 吸収則 |
| 10 | $p+\bar{p} \cdot q=p+q$ | $p \cdot (\bar{p}+q)=p \cdot q$ | |
| 11 | $\overline{p+q}=\bar{p} \cdot \bar{q}$ | $\overline{p \cdot q}=\bar{p}+\bar{q}$ | ド・モルガンの定理 |
| 12 | $p \cdot q+p \cdot \bar{q}=p$ | $(p+q) \cdot (p+\bar{q})=p$ | |
| 13 | $p \cdot q+q \cdot r+r \cdot \bar{p}=p \cdot q+r \cdot p$ | $(p+q) \cdot (q+r) \cdot (r+\bar{p})$ $=(p+q) \cdot (r+\bar{p})$ | |
| 14 | $(p+q) \cdot (\bar{p}+r)=\bar{p} \cdot q+p \cdot r$ | 自己双対 | |
| 15 | $\overline{p \cdot r+q \cdot \bar{r}}=\bar{p} \cdot r+\bar{q} \cdot \bar{r}$ | $\overline{(p+r) \cdot (q+\bar{r})}=(\bar{p}+r) \cdot (\bar{q}+\bar{r})$ | |

**問題 4.1**　次の真理値表に 0 と 1 を入れ，ド・モルガン (de Morgan) の定理（表 4.4 の公式 11）が成立することを証明せよ．

ド・モルガンの定理の証明

| $p$ | $q$ | $\bar{p}$ | $\bar{q}$ | $p+q$ | $\overline{p+q}$ | $\bar{p} \cdot \bar{q}$ | $p \cdot q$ | $\overline{p \cdot q}$ | $\bar{p}+\bar{q}$ |
|---|---|---|---|---|---|---|---|---|---|
| 0 | 0 | 1 | 1 | | | 1 | 0 | | 1 |
| 0 | 1 | 1 | 0 | | | 0 | 0 | | 1 |
| 1 | 0 | 0 | 1 | | | 0 | 0 | | 1 |
| 1 | 1 | 0 | 0 | | | 0 | 1 | | 0 |

## 4.2　ベン図とカルノー図

　論理式を簡単化したり，内容を直観的に導いたりする方法に図形を用いる方法がある．ここでは，2 つの手法について説明する．それは，ベン図 (Venn diagram) とカルノー図 (Karnough map) である．ベン図は，図 4.1 のように長方形の中に円を書き，円の内側を $p$，外側を $\bar{p}$ の領域と定義する．2 変数のときには，図 4.2 のように 2 つの円を書き，それぞれの領域を定義する．黒

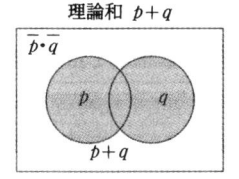

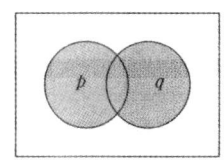

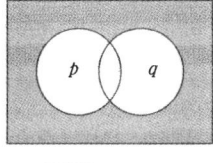

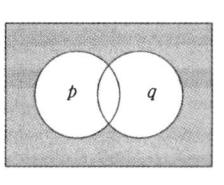

**図4.1** 1変数のベン図　　　**図4.2** 2変数のベン図

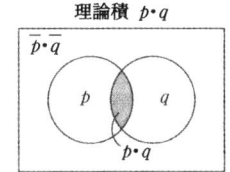

(a) $p+q$　　(b) $\overline{p+q}$　　(c) $\bar{p}\cdot\bar{q}$

**図4.3** ベン図によるド・モルガンの定理の証明

く塗った部分が図の上に示した論理演算の内容を示している．

ベン図を用いてド・モルガンの定理（表4.4の11(a)）を証明することができる．図4.3にそれを示す．(a)は $p+q$ の領域を示し，(b)はその否定の領域を示している．(c)はいきなり $\bar{p}$ かつ $\bar{q}$ の領域を示している．(b)と(c)は同じ領域であるから式（4.7）は成り立つ．このようにベン図を用いると直観的に論理式の内容を把握することができる．

【ド・モルガンの定理】

$$\overline{p+q}=\bar{p}\cdot\bar{q} \tag{4.7}$$

$$\overline{p\cdot q}=\bar{p}+\bar{q} \tag{4.8}$$

コンピュータに論理式を適用し，所望の演算を行う電気回路（論理回路）を組み立てるには，できるだけ論理式を簡単化しておく必要がある．また，式（4.7）で $\overline{p+q}$ という演算を行うのも $\bar{p}\cdot\bar{q}$ という演算を行うのも同じ結果が得られる．このとき，回路の組みやすい方を採用すればよい．論理式を簡単化する一般的な方法としてカルノー図がある．ベン図は論理変数が多くなると図が込み入ってくるし，また，公式を用いて論理式を簡単化するには，結果に対する見通しをつける能力が必要となる．図4.4は2変数に対するカルノー図であり，2変数の4通りの可能な状態を4つのマス目に対応させている．0は否定を意味し $\bar{p}$, $\bar{q}$ に対応する．1は $p$, $q$ が成立することを意味する．たとえ

ば，次のような式があるとする．この式を簡単化するとき，図4.4で対応する項の所を塗ると図4.5のようになる．

$$p \cdot \bar{q} + p \cdot q$$

これから，$q$ が0，1にかかわらず，常に$p$が1である．すなわち，常に$p$が

| $q$ \ $p$ | 0 | 1 |
|---|---|---|
| 0 | $\bar{p} \cdot \bar{q}$ | $p \cdot \bar{q}$ |
| 1 | $\bar{p} \cdot q$ | $p \cdot q$ |

図4.4 2変数のカルノー図

| $q$ \ $p$ | 0 | 1 |
|---|---|---|
| 0 |   | $p \cdot \bar{q}$ |
| 1 |   | $p \cdot q$ |

図4.5 ($p \cdot \bar{q} + p \cdot q$) の領域

| $p$ \ $q \cdot r$ | 00 | 01 | 11 | 10 |
|---|---|---|---|---|
| 0 |   |   |   | $p \cdot q \cdot \bar{r}$ |
| 1 |   |   |   |   |

図4.6 3変数のカルノー図

| $p \cdot q$ \ $r \cdot s$ | 00 | 01 | 11 | 10 |
|---|---|---|---|---|
| 00 |   |   |   |   |
| 01 |   |   |   |   |
| 11 |   |   |   | $p \cdot q \cdot r \cdot \bar{s}$ |
| 10 |   |   |   |   |

図4.7 4変数のカルノー図

| $p \cdot q$ \ $r \cdot s$ | 00 | 01 | 11 | 10 |
|---|---|---|---|---|
| 00 |   | (1) | (3) |   |
| 01 |   | (2) | (4) |   |
| 11 | (5) |   |   |   |
| 10 | (6) |   |   |   |

図4.8 4変数のカルノー図の例

成り立つことがわかる．よって，
$$p \cdot \bar{q} + p \cdot q = p$$

3 変数，4 変数のカルノー図を，図 4.6 と図 4.7 に示す．3 変数では $2^3 = 8$ 通り，4 変数では $2^4 = 16$ 通りのマス目がある．図 4.7 の $r \cdot s$ の順序に注意．

例えば，次の論理式 (4.9) をカルノー図 (図 4.8) を用いて簡単化してみる．式 (4.9) の各項に対する領域を黒く塗ると，図 4.8 のようになる．

$$u = \underset{(1)}{\bar{p} \cdot \bar{q} \cdot \bar{r} \cdot s} + \underset{(2)}{\bar{p} \cdot q \cdot \bar{r} \cdot s} + \underset{(3)}{\bar{p} \cdot \bar{q} \cdot r \cdot s}$$
$$+ \underset{(4)}{\bar{p} \cdot q \cdot r \cdot s} + \underset{(5)}{p \cdot q \cdot \bar{r} \cdot \bar{s}} + \underset{(6)}{p \cdot \bar{q} \cdot \bar{r} \cdot \bar{s}} \qquad (4.9)$$

(1), (2), (3), (4) の領域を 1 まとめにすると，$p$ でなく $s$ を満足する領域となる．これよりこの領域は $\bar{p} \cdot s$ である．同様に (5), (6) の領域は $p$ であり，かつ，$r$ でなく $s$ でない領域である．これよりこの領域は $p \cdot \bar{r} \cdot \bar{s}$ となる．したがって式 (4.9) は 2 つの領域の和から，式 (4.10) のように簡単化される．このように，カルノー図では隣り合う 2 つの領域 (斜めはだめ) はまとめることができる．

$$u = \bar{p} \cdot s + p \cdot \bar{r} \cdot \bar{s} \qquad (4.10)$$

**問題 4.2** 次式をカルノー図を用いて簡単化せよ．
$$u = \bar{p} \cdot q \cdot \bar{r} + p \cdot q \cdot \bar{r} + \bar{p} \cdot q \cdot r$$

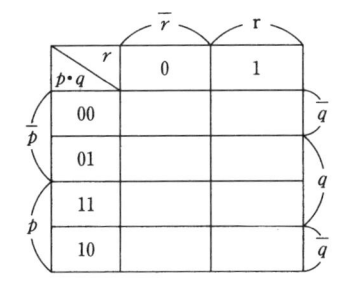

| $p \cdot q$ \ $r$ | $\bar{r}$ = 0 | r = 1 |
|---|---|---|
| 00 | | |
| 01 | | |
| 11 | | |
| 10 | | |

これまで，式 (4.9) のように変数や変数の否定の論理積をとった項を論理和の形で表してきた．たとえば

$$u = p \cdot q \cdot r + \bar{p} \cdot q \cdot r + p \cdot \bar{q} \cdot r + p \cdot q \cdot \bar{r} + \cdots$$

である．これを最小項展開または主加法標準形 (principal disjunctive canonical form) という．論理変数が $n$ 個のとき，それぞれの変数自身またはその否定のいずれかをすべて論理積で表した項を最小項 (minterm) という．2つの変数 $p$, $q$ の最小項は式 (4.11) の4個である．図4.9に各項の領域を示す．これにより，2変数の論理関数は最小項の論理和ですべてを表すことができる．

$$p \cdot q \qquad \bar{p} \cdot q \qquad p \cdot \bar{q} \qquad \bar{p} \cdot \bar{q} \tag{4.11}$$

これに対して，変数や変数の否定の論理和を求め，これを論理積の形に表したものを最大項展開または主乗法標準形 (principal conjunctive canonical form) という．論理変数が $n$ 個のとき，それぞれの変数自身またはその否定のいずれかをすべて論理和で表した項を最大項 (maxterm) という．2つの変数 $p$, $q$ の最大項は式 (4.12) に示される4個である．式 (4.11) の各項の否定は，式 (4.12) のそれぞれの項に対応している．以上のことと，ド・モルガンの定理より2変数の論理関数は最大項の論理積でも表すことができる．

$$\bar{p} + \bar{q} \qquad p + \bar{q} \qquad \bar{p} + q \qquad p + q \tag{4.12}$$

以上のことより，任意の論理関数は，否定，論理積，論理和で表すことができる．この3つの演算で表される系を万能演算系 (functionally complete operation) という．また，ド・モルガンの定理より論理積は否定と論理和で表すことができ，論理和は否定と論理積で表すことができる．これを式 (4.13)，式 (4.14) に示す．

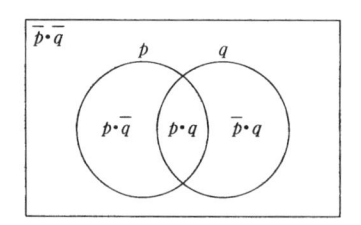

図4.9　2変数の最小項の領域

$$\overline{p+q} = \overline{\overline{p}+\overline{q}} = \overline{p} \cdot \overline{q} \tag{4.13}$$
$$\overline{p \cdot q} = \overline{\overline{p} \cdot \overline{q}} = \overline{p} + \overline{q} \tag{4.14}$$

このことは，論理式から論理回路を作成するとき，否定と論理積，または否定と論理和の回路があればすべての論理回路を組むことが可能であることを示している．これを最小万能演算系という．次節で述べるが，表4.3で示したNANDまたはNORの演算を行う回路（NAND回路，NOR回路）のみで全論理回路を構成できる．すなわち，1種類の回路素子のみで全論理回路を組むことができる．

真理値表から論理式を導くことができる．このとき，主加法標準形で表す場合と主乗法標準形で表す場合とがある．表4.5の例を用いて説明する．これは，入力に$p$と$q$があり，出力として$s$と$c$がある場合である．$s$は$p$と$q$の和であり，$c$は桁上りがあるか否かを示している．

表4.5の$s$と$c$を表す論理式を求める．主加法標準形で求めるときは$s$と$c$の値が1になっているところに着目し，そのときの入力$p$, $q$の最小項を求め，それらを論理和で接続する．このとき，入力の値が0のときは否定にして最小項を作る．式 (4.15)，式 (4.16) にこれを示す．

$$s = \bar{p} \cdot q + p \cdot \bar{q} \tag{4.15}$$
$$c = p \cdot q \tag{4.16}$$

主乗法標準形で表す場合は，出力$s$と$c$が"0"になっている所に着目し，そのときの入力$p$, $q$の最大項を求め，それらを論理積で結ぶ．このとき，入力の値が"1"のとき否定として最大項を作る．式 (4.17)，式 (4.18) にこれを示す．$s$と$c$の二重否定（表4.4の5番）を求め，ド・モルガンの定理を用いると，式 (4.17)，式 (4.18) は式 (4.15)，式 (4.16) になる．

表4.5 排他的論理和 ($s$) と論理積 ($c$) の真理値表

| 入力 | | 出力 | |
| --- | --- | --- | --- |
| $p$ | $q$ | $s$ | $c$ |
| 0 | 0 | 0 | 0 |
| 0 | 1 | 1 | 0 |
| 1 | 0 | 1 | 0 |
| 1 | 1 | 0 | 1 |

$$s = (p+q) \cdot (\bar{p}+\bar{q}) \tag{4.17}$$
$$c = (p+q) \cdot (p+\bar{q}) \cdot (\bar{p}+q) \tag{4.18}$$

**問題 4.3** 次の真理値表から，論理式を主加法標準形と主乗法標準形で表せ．

| p | q | r | u |
|---|---|---|---|
| 0 | 0 | 0 | 0 |
| 0 | 0 | 1 | 0 |
| 0 | 1 | 0 | 0 |
| 0 | 1 | 1 | 1 |
| 1 | 0 | 0 | 0 |
| 1 | 0 | 1 | 1 |
| 1 | 1 | 0 | 1 |
| 1 | 1 | 1 | 1 |

## 4.3 論理素子と論理記号

論理回路を構成する基本演算回路として，否定（NOT），論理和（OR），論理積（AND）回路があれば，すべての論理関数を表すことができる．さらに，NANDまたはNOR回路のみでも任意の論理回路を表せる．これらの各回路をスイッチ（$p$, $q$）とランプ（$r$）からなる回路で示す．今，スイッチを押すことを"1"，戻すことを"0"の状態とする．ランプが点灯している状態を"1"，消灯している状態を"0"とする．表4.6に，NOT，OR，ANDの回路とその真理値表を示す．また，これらの回路の記号（論理素子記号）も同時に示す．論理素子記号はアメリカ軍用規格（Militaly Specification and Standards）に準拠している．

3つの回路を適当に組み合せることにより，任意の回路を構成することができる．表4.3で示したNANDとNOR回路は，表4.6で示した論理記号を用いて表4.7のようになる．排他的論理和（EOR）の論理式は，表4.3から主加法標準形で示すと式（4.19）のようになる．これらの論理回路をAND，OR，NOT回路を用いて示すと表4.7のようになる．一番下の記号が論理素子記号である．

$$r = \bar{p} \cdot q + p \cdot \bar{q} = p \oplus q \tag{4.19}$$

実際には，各論理素子はダイオード（diode）やトランジスタ（transistor）

表4.6 NOT, OR, AND 回路と真理値表

| | (a) NOT回路 | (b) OR回路 | (C) AND回路 |
|---|---|---|---|
| 回路 | | | |
| 論理素子記号 | | | |
| 真理値表 | $p$ \| $r=\bar{p}$ <br> 0 \| 1 <br> 1 \| 0 | $p\ q$ \| $r=p+q$ <br> 0 0 \| 0 <br> 0 1 \| 1 <br> 1 0 \| 1 <br> 1 1 \| 1 | $p\ q$ \| $r=p\cdot q$ <br> 0 0 \| 0 <br> 0 1 \| 0 <br> 1 0 \| 0 <br> 1 1 \| 1 |

表4.7 NAND, NOR, EOR の論理素子記号

| | NAND回路 | NOR回路 | EOR回路 |
|---|---|---|---|
| (a) 論理式 | $r=\overline{p\cdot q}$ | $r=\overline{p+q}$ | $r=p\oplus q$ |
| (b) 論理回路 | | | |
| (c) 論理素子記号 | | | |

等の半導体から構成される．半導体は，銅，鉄，アルミニウム等の導体よりも電流を通しにくく，ガラス，エボナイト等の絶縁体よりも電流を通しやすい物質である．代表的なものとしてシリコン（Si）やゲルマニウム（Ge）がある．今日のIC（Integrated Circuit）は，ほとんどシリコンでできている．半導体を分類すると次のようになる．

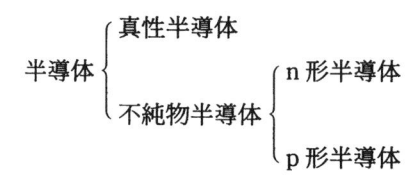

半導体 { 真性半導体
       不純物半導体 { n形半導体
                    p形半導体

真性半導体は，不純物を全く添加しないものである．不純物半導体は，シリコンに，たとえば，リン（P）やインジウム（In）等の不純物を添加したものである．このとき，添加する不純物により，自由電子（free electron）を生成するものと，正孔（hole）を生成するものとがある．インジウムは正孔を生じ，リンは自由電子を生じる．正孔が多数あり，この正孔が電荷を運び電流を流すものをp形半導体，自由電子が多数あるものをn形半導体という．p形半導体の正孔，n形半導体の自由電子を多数キャリア（majority carrier）という．これに対してp形半導体の自由電子，n形半導体の正孔を少数キャリア（minority carrier）という．図4.10にこれを示す．正孔は正の電荷（+）を

○ 正孔
● 自由電子

p形半導体　　n形半導体

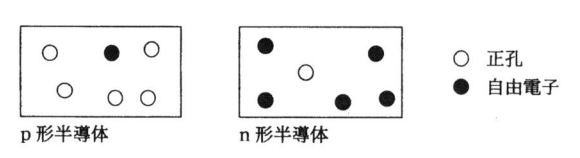

**図4.10** p形半導体とn形半導体

(a) 順方向電圧　　(b) 逆方向電圧　　(c) ダイオードの記号

電流の流れる方向

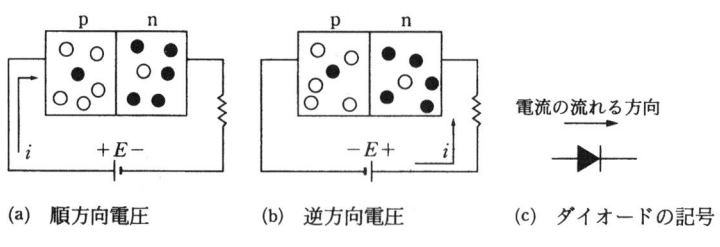

**図4.11** ダイオードの電圧印加方法と記号

運び，自由電子は負の電荷（−）を運ぶ．電流の流れる方向は正の電荷の移動する方向である．

　p形半導体とn形半導体を接合したものがダイオードである．図4.11に示すように，ダイオードに異なる方向に電圧を印加する．(a)においては，p形の正孔が印加電圧（$E$）のマイナス側に向かって流れる．また，n形の自由電子はプラス側に向かって流れる．このため，電流$i$は正孔と自由電子の電荷の移動の和となり，$E$の値が大きくなると$i$も大きくなる．(b)においては，p形の正孔は$E$のマイナス側に，n形の自由電子は$E$のプラス側に引かれて，ダイオードの両端に寄ってしまうので電流は流れない．これにより，ダイオードは(a)の順方向電圧を印加した場合にのみ電流が流れる．逆方向では電流は流れない．この2つの状態を"1"と"0"に対応させる．(c)にダイオードの記号を示す．

　トランジスタもn形とp形の半導体を接合したものである．その接合方式によりnpn形とpnp形の2種類がある．これらのトランジスタの電圧印加方法と記号を図4.12に示す．図中のⒺ，Ⓑ，Ⓒはエミッタ，ベース，コレクタという．npn形においては，エミッタ側の自由電子がベース側のプラス端子に引かれて移動する．その一部はベース側に流れ，90％以上がそのままコレクタ側のプラス端子に引かれて移動する．このため，ベースにエミッタより高い

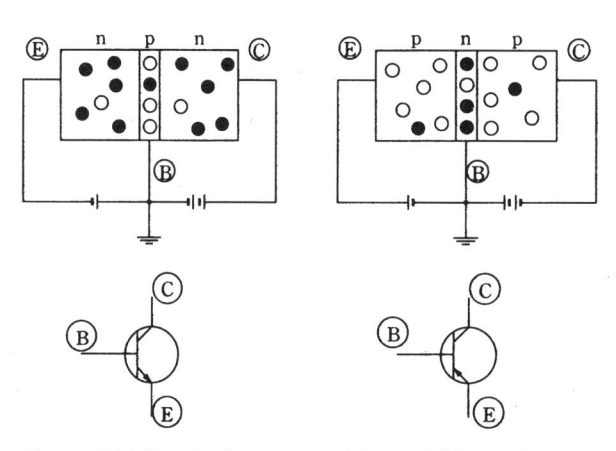

(a)　npn形トランジスタ　　　(b)　pnp形トランジスタ

図4.12　トランジスタの種類と印加電圧

電圧を印加すると，npn形トランジスタのエミッタ・コレクタ間に電流が流れることになる．pnp形においては，(b)図のように印加電圧が逆となる．エミッタとコレクタ間に電流の流れる状態を"1"とすると，流れない状態が"0"となる．

ダイオードとトランジスタを用いたAND，OR，NOT回路を図4.13に示す．(a)はAND回路を示している．$V_{cc}$は電源より供給される+5 Vの電圧とする．今，入力 $p$，$q$ のいずれか1つの電圧を0 Vとすると，0 Vを印加されたダイオードは順方向電圧（図4.11(a)参照）が印加されたことになり，$V_{cc}$から電流が流れ，そのダイオードの電圧降下は非常に小さいので，出力 $u$ はほぼ0電位となる．$p$，$q$ の両方が高い電圧（5 V）のときは，出力 $u$ は5 Vとなる．ここで，低い電圧（0 V）を"0"の状態，高い電圧（5 V）を"1"の状態とすると，$p$，$q$ が両方1のときにのみ出力 $u$ が1になる．これはAND回路である．

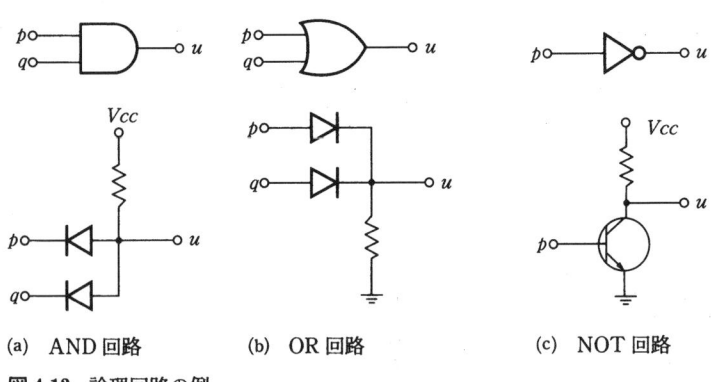

(a) AND回路　　(b) OR回路　　(c) NOT回路

図4.13　論理回路の例

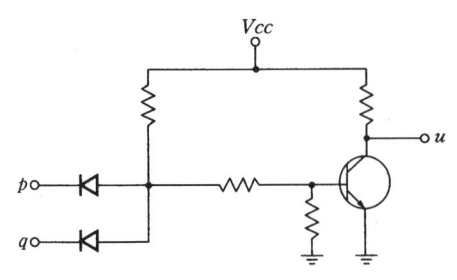

図4.14　NAND回路例

このように,高い電圧を"1"に対応させ,低い電圧を"0"に対応させる論理を正論理(positive logic)という.逆に,高い電圧を"0",低い電圧を"1"に対応させる論理を負論理(nagative logic)という.ここでは,正論理を取り扱うこととする.(b)図においては,$p$, $q$ のいずれか一方に 5 V の電圧を印加すると,そのダイオードは導通状態となり,$u$ にはほぼ 5 V の出力("1")が現れる.これは,OR 回路に相当する.(c)図においては,入力 $p$(ベース)に 5 V を印加すると,トランジスタのコレクタ・エミッタ間に電流が流れ導通状態となる.このため,コレクタ側の出力 $u$ が接地電位(0 V)にほぼ等しくなる.入力に高い電圧を印加すると出力に低い電圧が現れる.これは NOT 回路である.入力が低い電圧のときは,トランジスタは遮断(導通でない)状態であるため,出力 $u$ には高い電圧がそのまま現れる.

NAND 回路と NOR 回路は,これらの回路を組み合せれば構成できる.図 4.13 の(a), (c)図を用いて NAND 回路を構成すると図 4.14 のようになる.

**問題 4.4** NAND 回路のみを用いて,$u = p \oplus q$ を出力する論理回路を示せ.
　　　ヒント　$u = p \oplus q = \bar{p} \cdot q + p \cdot \bar{q} = \overline{\overline{\bar{p} \cdot q} + \overline{p \cdot \bar{q}}} = \overline{\overline{\bar{p} \cdot q} \cdot \overline{p \cdot \bar{q}}}$

**問題 4.5** $u = \bar{p} \cdot q + p$ の論理回路と真理値表を書け.

## 4.4　半加算器と全加算器

コンピュータ内では,主に加算演算により各種の演算を行っている.この加算演算がどのような論理回路で構成されるのか考えてみる.加算される論理変数として $p$, $q$ を用い,その和を $S_h$ とする.$p$ と $q$ がともに 1 のときには桁上がり($C_h$)が生じる.これを真理値表で示すと先に示した表 4.5 となる.これは,図 4.15 に示すように,2 入力 2 出力の論理回路である.箱の中身はどうなっているかわからないが,入出力の動作のみを問題にするとき,この箱をブラックボックスという.主加法標準形で $S_h$ と $C_h$ の論理式を求めると,

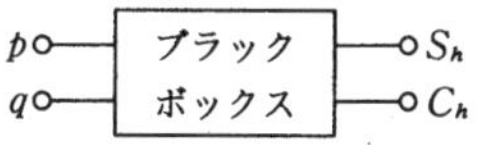

$p$ ○──┤ブラック├──○ $S_h$
$q$ ○──┤ボックス├──○ $C_h$

**図 4.15**　2 入力 2 出力の論理回路

式 (4.15), 式 (4.16) になることは先に述べた。この2式からブラックボックスに対する論理回路を構成すると図4.16となる。この回路では, 下位桁から桁上がりが考慮されていない。このため, この回路を半加算器 (half adder) という。半加算器をブラックボックス的に示すと図4.17のようになる。

これに対して, 下位桁からの桁上がりを考慮して入力する加算器を全加算器 (full adder) という。この真理値を表4.8に示す。$p, q$ は加算対象変数, また, $C_h$ を下位桁からの桁上がりとする。この真理値表から $S_f$ と $C_f$ の論理式を求めると式 (4.19), 式 (4.20) となる。

$$\begin{aligned}
S_f &= \bar{p}\cdot\bar{q}\cdot C_h + \bar{p}\cdot q\cdot \bar{C}_h + p\cdot \bar{q}\cdot \bar{C}_h + p\cdot q\cdot C_h \\
&= (\bar{p}\cdot q + p\cdot \bar{q})\bar{C}_h + (\bar{p}\cdot \bar{q} + p\cdot q)C_h \\
&= (p\oplus q)\bar{C}_h + \overline{(p\oplus q)}C_h \\
&= S_h\bar{C}_h + \bar{S}_h C_h \\
&= S_h \oplus C_h
\end{aligned} \qquad (4.19)$$

$$\begin{aligned}
C_f &= \bar{p}\cdot q\cdot C_h + p\cdot \bar{q}\cdot C_h + p\cdot q\cdot \bar{C}_h + p\cdot q\cdot C_h \\
&= (\bar{p}\cdot q + p\cdot \bar{q})C_h + p\cdot q(\bar{C}_h + C_h) \\
&= S_h C_h + p\cdot q
\end{aligned} \qquad (4.20)$$

式 (4.19), 式 (4.20) から半加算器を用いて全加算器を示すと図4.18となる。その記号を図4.19に示す。

全加算器を複数個用いて2進数の加算ができる。図4.20に3ビット $p_2, p_1, p_0$ と $q_2, q_1, q_0$ の加算回路を示す。結果が $S_2, S_1, S_0$ となる。

## 4.5 組み合せ回路

加算回路のように, 出力が現時点での入力のみで決定され, 過去にどのような入力があったかということについて無関係な回路を組み合せ回路 (combinational circuit) という。この概念を図で示すと図4.21のようになる。この図は $n$ 入力, $m$ 出力の場合である。また, 論理関数は一般に式 (4.21) のように示される。組み合せ回路では過去の状態により出力が左右されないから, 記憶装置が不要になる。コンピュータ内ではいろいろな組み合せ回路が用いられている。これに対して, 過去の状態によって影響を受ける回路を順序回

## 4.5 組み合せ回路

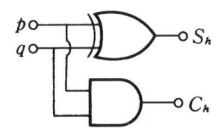

図 4.16 半加算器

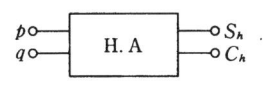

図 4.17 半加算器の記号

表 4.8 全加算器の真理値表

| 入力 | | | 出力 | |
|---|---|---|---|---|
| $p$ | $q$ | $C_h$ | $S_f$ | $C_f$ |
| 0 | 0 | 0 | 0 | 0 |
| 0 | 0 | 1 | 1 | 0 |
| 0 | 1 | 0 | 1 | 0 |
| 0 | 1 | 1 | 0 | 1 |
| 1 | 0 | 0 | 1 | 0 |
| 1 | 0 | 1 | 0 | 1 |
| 1 | 1 | 0 | 0 | 1 |
| 1 | 1 | 1 | 1 | 1 |

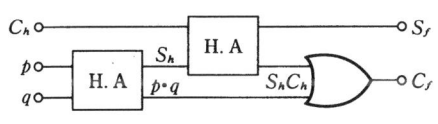

図 4.18 全加算器

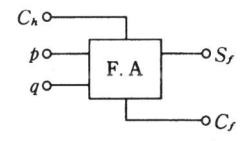

図 4.19 全加算器の記号

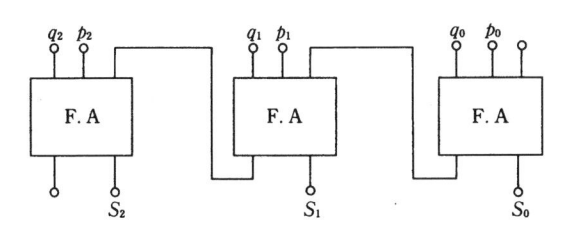

図 4.20 3 ビットの加算回路

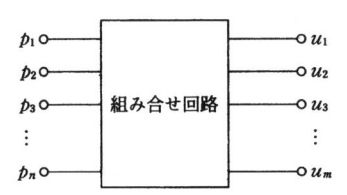

図 4.21 組み合せ回路

路 (sequential circuit) という．

$$\left.\begin{array}{l} u_1 = f_1(p_1, p_2, \cdots, p_n) \\ u_2 = f_2(p_1, p_2, \cdots, p_n) \\ \quad\vdots \\ u_m = f_m(p_1, p_2, \cdots, p_n) \end{array}\right\} \quad (4.21)$$

組み合せ回路を設計するときは，次の点に注意して行う必要がある．第1に，入力のすべての組み合せに対して出力を求め，それを真理値表で示す．第2に，作成した真理値表から論理式を求め，カルノー図等を用いて簡単化する．第3に，コストや技術的な要素を考慮して論理回路を組む．このとき，製造・入手できるICの仕様やその価格等が問題になる．以下に3つの組み合せ回路について示す．

### 4.5.1 一致回路

2入力1出力の組み合せ回路で，2入力の値が等しいときに1が出力される回路を一致回路 (equivalence circuit) という．この出力の否定をとると，排他的論理和になる．真理値表を表4.9，論理式を式 (4.22)，論理回路を図4.22に示す．

$$u = p \cdot q + \bar{p} \cdot \bar{q} \quad (4.22)$$

### 4.5.2 エンコーダ

我々が日常使用している，10進数，文字，記号をコンピュータで処理させるためには，2進数に変換しなければならない．人間が日常使用している10進数等を2進数に変換する回路を符号器（エンコーダ：encoder）という．今，10進数に対する2進数（4ビット）を出力する場合を考える．これはコンピュータのキーボードで⓪，①，…，⑨というキーを押すと，そのキーに対応する2進数コードが出力される場合に相当する．このエンコーダは，入力が0～9までの10入力があり，出力は，4ビットであるから4出力である．真理値表を表4.10に示す．

この真理値表から，出力の1になっている所に着目して，各論理式を求めると，式 (4.23) のようになる．式では，NOTとNAND回路により論理回路を構成できるように変形してある．式 (4.23) から論理回路を作ると図4.23

になる。⓪のキーは押されても出力はすべて0のままである。たとえば、⑤のキーを押すと、全入力が"1"でないNAND回路から"1"が出力され、$B_0$と$B_2$に"1"が出力される。よって、$0101_2$となる。

$$\left.\begin{array}{l}B_3 = D_8 + D_9 = \overline{\overline{D_8 + D_9}} = \overline{\overline{D_8} \cdot \overline{D_9}} \\ B_2 = D_4 + D_5 + D_6 + D_7 = \overline{\overline{D_4} \cdot \overline{D_5} \cdot \overline{D_6} \cdot \overline{D_7}} \\ B_1 = D_2 + D_3 + D_6 + D_7 = \overline{\overline{D_2} \cdot \overline{D_3} \cdot \overline{D_6} \cdot \overline{D_7}} \\ B_0 = D_1 + D_3 + D_5 + D_7 + D_9 = \overline{\overline{D_1} \cdot \overline{D_3} \cdot \overline{D_5} \cdot \overline{D_7} \cdot \overline{D_9}}\end{array}\right\} \quad (4.23)$$

表4.9 一致回路の真理値表

| 入力 | | 出力 |
|---|---|---|
| p | q | u |
| 0 | 0 | 1 |
| 0 | 1 | 0 |
| 1 | 0 | 0 |
| 1 | 1 | 1 |

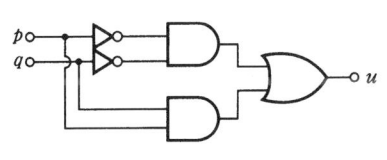

図4.22 一致回路

表4.10 10進数を2進数に変換する真理値表

| 入力 | | 出力 | | | |
|---|---|---|---|---|---|
| 10進数 | | 2進数 | | | |
| 変数 | 値 | $B_3$ | $B_2$ | $B_1$ | $B_0$ |
| $D_0$ | 0 | 0 | 0 | 0 | 0 |
| $D_1$ | 1 | 0 | 0 | 0 | 1 |
| $D_2$ | 2 | 0 | 0 | 1 | 0 |
| $D_3$ | 3 | 0 | 0 | 1 | 1 |
| $D_4$ | 4 | 0 | 1 | 0 | 0 |
| $D_5$ | 5 | 0 | 1 | 0 | 1 |
| $D_6$ | 6 | 0 | 1 | 1 | 0 |
| $D_7$ | 7 | 0 | 1 | 1 | 1 |
| $D_8$ | 8 | 1 | 0 | 0 | 0 |
| $D_9$ | 9 | 1 | 0 | 0 | 1 |

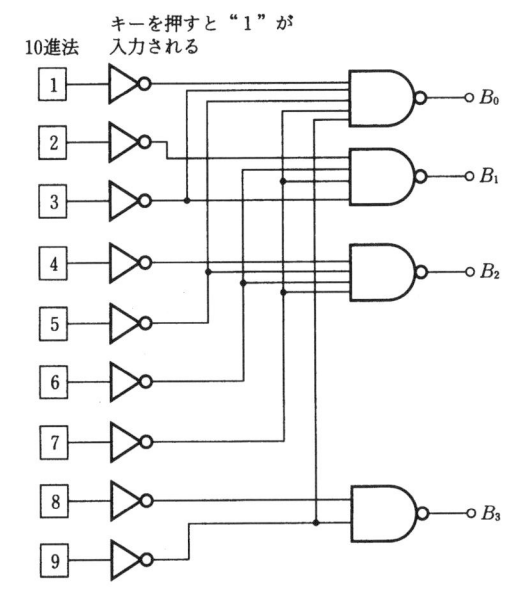

図4.23 エンコーダ回路

### 4.5.3 デコーダ

コンピュータ内では2進数を用いて処理されるが，結果を2進数のままで出力されても人間にとって解読することは非常に難しい．出力結果を人間の理解できる10進数や文字・記号に変換する回路を復号器とか解読器（デコーダ：decoder）という．これは，エンコーダとは逆の働きをする．今，2進数（4ビット）を10進数に変換することを考えると，表4.11のようになる．

この真理値表から，主加法標準形で論理式を求めると式（4.24）となる．式（4.24）の各出力に対するカルノー図を示すと図4.24のようになる．

$$\left.\begin{array}{ll} D_0 = \bar{B}_3 \cdot \bar{B}_2 \cdot \bar{B}_1 \cdot \bar{B}_0 & D_5 = \bar{B}_3 \cdot B_2 \cdot \bar{B}_1 \cdot B_0 \\ D_1 = \bar{B}_3 \cdot \bar{B}_2 \cdot \bar{B}_1 \cdot B_0 & D_6 = \bar{B}_3 \cdot B_2 \cdot B_1 \cdot \bar{B}_0 \\ D_2 = \bar{B}_3 \cdot \bar{B}_2 \cdot B_1 \cdot \bar{B}_0 & D_7 = \bar{B}_3 \cdot B_2 \cdot B_1 \cdot B_0 \\ D_3 = \bar{B}_3 \cdot \bar{B}_2 \cdot B_1 \cdot B_0 & D_8 = B_3 \cdot \bar{B}_2 \cdot \bar{B}_1 \cdot \bar{B}_0 \\ D_4 = \bar{B}_3 \cdot B_2 \cdot \bar{B}_1 \cdot \bar{B}_0 & D_9 = B_3 \cdot \bar{B}_2 \cdot \bar{B}_1 \cdot B_0 \end{array}\right\} \quad (4.24)$$

図4.24において，網掛けの箇所は使用されない所である．それゆえ，この箇所は0でも1でも出力には何ら影響を及ぼさない．この網掛けのマス目に対応する項を冗長項という．ここでは，冗長項は次の6通りある．

$$B_3 \cdot B_2 \cdot \bar{B}_1 \cdot \bar{B}_0 \quad B_3 \cdot B_2 \cdot \bar{B}_1 \cdot B_0 \quad B_3 \cdot B_2 \cdot B_1 \cdot B_0$$
$$B_3 \cdot \bar{B}_2 \cdot B_1 \cdot B_0 \quad B_3 \cdot B_2 \cdot B_1 \cdot \bar{B}_0 \quad B_3 \cdot \bar{B}_2 \cdot B_1 \cdot \bar{B}_0$$

**表4.11** 2進数を10進数に変換する真理値表

| 入力 | | | | 出力 | |
|---|---|---|---|---|---|
| 2進数 | | | | 10進数 | |
| $B_3$ | $B_2$ | $B_1$ | $B_0$ | 変数 | 値 |
| 0 | 0 | 0 | 0 | $D_0$ | 0 |
| 0 | 0 | 0 | 1 | $D_1$ | 1 |
| 0 | 0 | 1 | 0 | $D_2$ | 2 |
| 0 | 0 | 1 | 1 | $D_3$ | 3 |
| 0 | 1 | 0 | 0 | $D_4$ | 4 |
| 0 | 1 | 0 | 1 | $D_5$ | 5 |
| 0 | 1 | 1 | 0 | $D_6$ | 6 |
| 0 | 1 | 1 | 1 | $D_7$ | 7 |
| 1 | 0 | 0 | 0 | $D_8$ | 8 |
| 1 | 0 | 0 | 1 | $D_9$ | 9 |

| $B_3B_2$ / $B_1B_0$ | 00 | 01 | 11 | 10 |
|---|---|---|---|---|
| 00 | $D_0$ | $D_4$ |  | $D_8$ |
| 01 | $D_1$ | $D_5$ |  | $D_9$ |
| 11 | $D_3$ | $D_7$ |  |  |
| 10 | $D_2$ | $D_6$ |  |  |

**図4.24** 2進10進変換のカルノー図

## 4.5 組み合せ回路

式を簡略化するとき，冗長項に対するマス目を隣り合うマス目と一体化して式を簡単化しても出力に何ら影響を与えない．このことにより式 (4.24) を簡略化すると，式 (4.25) となる．たとえば，$D_2=\bar{B}_3\cdot\bar{B}_2\cdot B_1\cdot\bar{B}_0$ は $B_3\cdot\bar{B}_2\cdot B_1\cdot\bar{B}_0$ と一体化して，$\bar{B}_2\cdot B_1\cdot\bar{B}_0$ となる．式 (4.25) から論理回路を構成すると，図 4.25 となる．

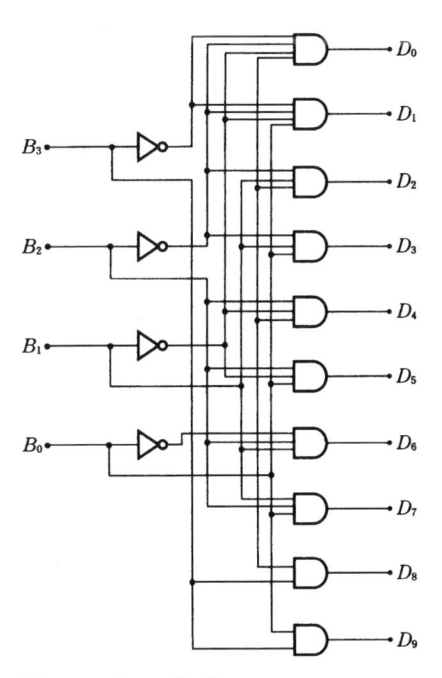

$$\left.\begin{array}{ll} D_0=\bar{B}_3\cdot\bar{B}_2\cdot\bar{B}_1\cdot\bar{B}_0 & D_5=B_2\cdot\bar{B}_1\cdot B_0 \\ D_1=\bar{B}_3\cdot\bar{B}_2\cdot\bar{B}_1\cdot B_0 & D_6=B_2\cdot B_1\cdot\bar{B}_0 \\ D_2=\bar{B}_2\cdot B_1\cdot\bar{B}_0 & D_7=B_2\cdot B_1\cdot B_0 \\ D_3=\bar{B}_2\cdot B_1\cdot B_0 & D_8=B_3\cdot\bar{B}_0 \\ D_4=B_2\cdot\bar{B}_1\cdot\bar{B}_0 & D_9=B_3\cdot B_0 \end{array}\right\} \quad (4.25)$$

図 4.25　デコーダ回路

**問題 4.6** 次の図に示す 2 入力 4 出力のデコーダを設計せよ．示された真理値表から各出力の論理式と論理回路を求めよ．

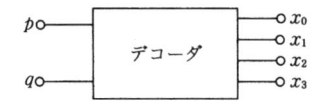

```
p ○──┐ ┌──○ x_0
     │ │──○ x_1
     │デコーダ│──○ x_2
q ○──┘ └──○ x_3
```

| 入力 | | 出力 |
|---|---|---|
| p | q | |
| 0 | 0 | $x_0$ |
| 0 | 1 | $x_1$ |
| 1 | 0 | $x_2$ |
| 1 | 1 | $x_3$ |

$x_0 =$
$x_1 =$
$x_2 =$
$x_3 =$

## 4.6 順序回路

組み合せ回路のように，現在の入力の状態によってのみ出力が決定されるのではなく，過去の入力によっても出力が影響を受ける回路を順序回路 (sequential circuit) という．順序回路においては，過去の入力の状態を記憶する装置が必要となる．記憶は1ビットが基本となる．1ビットを記憶する素子にフリップ・フロップ (F-F：flip-flop) がある．フリップ・フロップを複数個まとめて数ビットの記憶ができる．

入力に対して出力を求めるときには，コンピュータ内では同期 (synchronization) がとられて種々の動作が行われる．これは人間の規則正しい脈動に合わせて動作をすることに似ている．コンピュータにおいては，これをクロックパルス (clock pulse) という．クロックパルスに合わせて動作をする回路を同期回路 (synchronous circuit) という．同期をとらないで，順次動作を終了させていく回路を非同期回路 (asynchronous circuit) という．コンピュータ内のほとんどの回路が同期回路により構成されている．

順序回路は，組み合せ回路，記憶素子，クロックパルスから構成される．図 4.26 にその構成を示す．

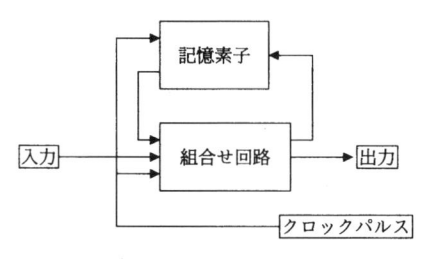

図 4.26 順序回路の構成

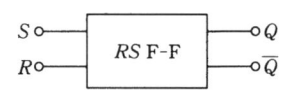

図 4.27 RSフリップ・フロップ

表 4.12 RSフリップ・フロップの真理値表

| 入力 | | 出力 | |
|---|---|---|---|
| $S$ | $R$ | $Q$ | $\bar{Q}$ |
| 0 | 0 | 不変 | |
| 0 | 1 | 0 | 1 |
| 1 | 0 | 1 | 0 |
| 1 | 1 | 禁止 | |

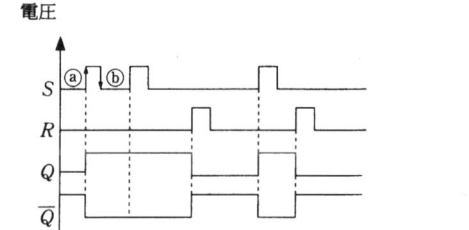

図 4.28 RSフリップ・フロップのタイムチャート

## 4.6.1 フリップ・フロップ

(1) RSフリップ・フロップ

2進数1桁(1ビット)を記憶する素子である．すなわち，"0"と"1"を保持するものである．その代表的なものに RSフリップ・フロップがある．RSフリップ・フロップは図 4.27 に示すように2入力 ($R, S$) 2出力 ($Q, \bar{Q}$) の論理回路である．その真理値表を表 4.12 に示す．$S$ に "1"（電圧の高いパルス）が入力されると出力側の $Q$ が "1" の状態になり，$R$ に "1" が入力されると $\bar{Q}$ が "1" の状態になる．$R$ にも $S$ にも "1" のパルスが入力されないと以前の状態をそのまま保つ．$R$ と $S$ に同時に "1" を入力することを禁止している．この動作を時間的経過に対する変化（タイムチャート）として示すと図 4.28 のようになる．ⓐの部分を立ち上がり，ⓑの部分を立ち下りという．論理回路を図 4.29 に示す．

図 4.29(a)において，$Q=0$, $\bar{Q}=1$ とする．ここで，$S$ に "1" が入力されると，$S'$ が "0" レベルになり，この信号線の情報が変化する．図中(1)の

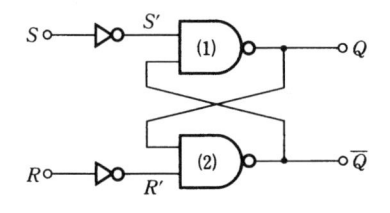

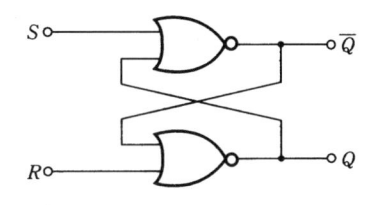

(a) NAND 回路による RS フリップ・フロップ  (b) NOR 回路による RS フリップ・フロップ

**図 4.29** RS フリップ・フロップの論理回路

**表 4.13** RS フリップ・フロップの現在の状態に対する出力

| 現在の状態 | | 入力 | | 次の出力 | |
|---|---|---|---|---|---|
| $Q_n$ | $\bar{Q}_n$ | $S_n$ | $R_n$ | $Q_{n+1}$ | $\bar{Q}_{n+1}$ |
| 0 | 1 | 0 | 0 | 0 | 1 |
| 1 | 0 | 0 | 0 | 1 | 0 |
| 0 | 1 | 0 | 1 | 0 | 1 |
| 1 | 0 | 0 | 1 | 0 | 1 |
| 0 | 1 | 1 | 0 | 1 | 0 |
| 1 | 0 | 1 | 0 | 1 | 0 |
| 0 | 1 | 1 | 1 | 禁止 | |
| 1 | 0 | 1 | 1 | 禁止 | |

NAND の入力は $S'=0$ と $\bar{Q}=1$ であるから，$Q$ の状態が "0" から "1" に変化する．そうすると(2)の NAND の入力が $Q=1$ と $R'=1$ であるから，$\bar{Q}$ は "1" から "0" に変化する．このようにして，$Q=1$ が，$R$ に "1" が入力されるまで保持される．(b)図に NOR 回路を用いた場合を示してある．

表 4.12 を時間経過がわかるようにして示すと，表 4.13 になる．現在の状態を $Q_n$, $\bar{Q}_n$ とする．そこに，入力として，$S_n$, $R_n$ を考慮した場合の次の出力を $Q_{n+1}$, $\bar{Q}_{n+1}$ としたものである．この表から論理式を求めると，式 (4.26) となる．また，常に $R_n \cdot S_n = 0$ である．

$$Q_{n+1} = S_n + \bar{R}_n \cdot Q_n \tag{4.26}$$

**問題 4.7** RS フリップ・フロップの論理を表している式 (4.26) $Q_{n+1} = S_n + \bar{R}_n \cdot Q_n$ を表 4.13 から導びけ．

表4.14 *JK* フリップ・フロップの特性表

| 入力 | | | 出力 |
|---|---|---|---|
| $K_n$ | $J_n$ | $Q_n$ | $Q_{n+1}$ |
| 0 | 0 | 0 | 0 |
| 0 | 0 | 1 | 1 |
| 0 | 1 | 0 | 1 |
| 0 | 1 | 1 | 1 |
| 1 | 0 | 0 | 0 |
| 1 | 0 | 1 | 0 |
| 1 | 1 | 0 | 1 |
| 1 | 1 | 1 | 0 |

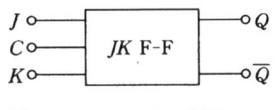

図4.30 *JK* F-F の記号

(2) *JK* フリップ・フロップ

RSフリップ・フロップにおいて$R=S=1$が禁止されていたが，これが許されるのが*JK*フリップ・フロップである．*JK*フリップ・フロップにおいてはRSフリップ・フロップの$S$が$J$に，$R$が$K$に対応しており，$J$と$K$に"1"が入力されると出力の$Q$の状態が反転する．この真理値を示した表（特性表）を表4.14に示す．出力は$\bar{Q}$を省略して$Q$のみ示している．出力の論理式を式(4.27)に示す．*JK*フリップ・フロップの記号を図4.30に示す．入力側に$C$があるが，クロックパルスのことである．クロックパルスが入力されると，そのときの表4.14の入力に対する出力が出る．

$$Q_{n+1}=\bar{K}_n \cdot Q_n + J_n \cdot \bar{Q}_n \tag{4.27}$$

(3) *T* フリップ・フロップ，*D* フリップ・フロップ

次に*T*フリップ・フロップと*D*フリップ・フロップについて示す．これらの記号を図4.31, 4.32に示す．*T*フリップ・フロップは*T*にパルスが入力されるごとに出力が反転する．*T*はトリガ（trigger）の略でピストル等の引き金という意味である．図4.33にそのタイムチャートを示す．トリガパルスが入力されて，そのパルスの立ち上がりで$Q$, $\bar{Q}$が反転する．*D*フリップ・フロップは遅延フリップ・フロップ（delay flip-flop）のことである．クロックパルス$C$が1で，$D$も1のとき$Q$が1となり，$C$が1で$D$が0のとき$Q$が0となる．すなわち，クロックパルスが入力されると，そのときの$D$の状態が$Q$に出力される．結果として，$D$の入力が少し遅れて$Q$に出力される．このため遅延といわれる．*D*フリップ・フロップは，演算結果を一時的に保

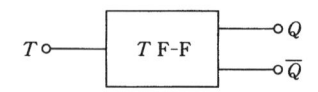

図4.31 T F-F の記号

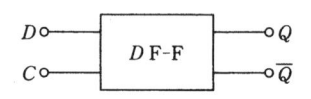

図4.32 D F-F の記号

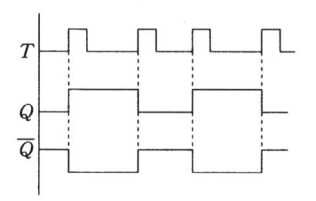

図4.33 T F-F のタイムチャート

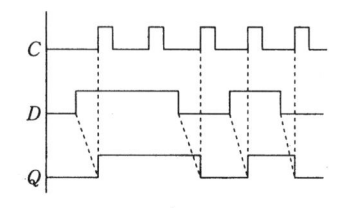

図4.34 D F-F のタイムチャート

存するとき等に利用する．図4.34 にそのタイムチャートを示す．

### 4.6.2 レジスタ

コンピュータのあらゆる装置に，データを一時的に記憶・保持する回路が組み込まれている．これが置数器（レジスタ：register）である．レジスタは，データの一時記憶の他に転送，桁送り（shift）時にも用いられる．$n$ ビットのレジスタは $n$ 個のフリップ・フロップで構成することができる．

今，3ビットのレジスタの動作を説明する．図4.35 のように RS F-F を3個並べる．たとえば，$A_2A_1A_0$ に 101 というデータを入力する．そのとき同時に各フリップ・フロップに書き込むためのパルス（$P$）も入力すると，入力側の AND 回路より 101 という信号が各フリップ・フロップに入力される．これにより各フリップ・フロップの出力 $Q$ には 101 が出力される．このとき，読み取りパルス（$R$）に"1"が入力すると $B_2B_1B_0$ には，"101"が出力される．このデータを"000"とクリア（clear）したいときには，リセットパルス（$T$）に"1"を入力すると $B_2B_1B_0=000$ となる．このように，同時に複数のビットを入出力し記憶できるレジスタを並列レジスタという．

### 4.6.3 シフトレジスタ

フリップ・フロップを直列に接続しデータを記憶する．これを，直列レジスタという．直列レジスタ内のデータを左または右に移動させることをシフト

## 4.6 順序回路

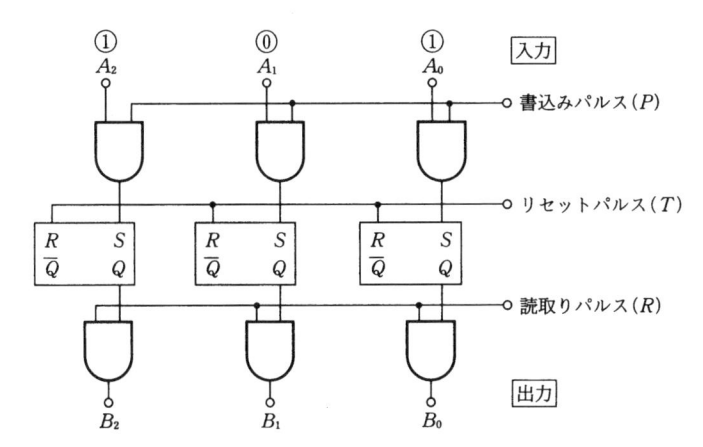

**図4.35** 3ビットの並列レジスタ

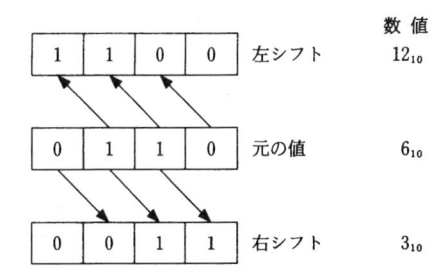

**図4.36** シフト動作

| | | | | | 数値 |
|---|---|---|---|---|---|
| 1 | 1 | 0 | 0 | 左シフト | $12_{10}$ |
| 0 | 1 | 1 | 0 | 元の値 | $6_{10}$ |
| 0 | 0 | 1 | 1 | 右シフト | $3_{10}$ |

(shift) という．シフトを行うことができるレジスタをシフトレジスタ (shift register) という．たとえば，図4.36において，左に1ビットシフトすると元の値を2倍することになり，右に1ビットシフトすると元の値の1/2が求まる．

3ビットのシフトレジスタの回路を図4.37に示す．各フリップ・フロップ (F-F) の出力が図のように101とする．ここで，シフトパルスを送るとF-F1のQ側のAND回路が1になり，F-F2のSに1が入力する．その結果，F-F2の出力Qが1になる．同様に，F-F3の入力Sには0が入力される．その結果F-F3の出力Qには0が出力される．この動作により，データが右側にシフトされたことになる．F-F3の出力Qにあった"1"は消滅する．F-F1には，Sに入力される値が保持される．

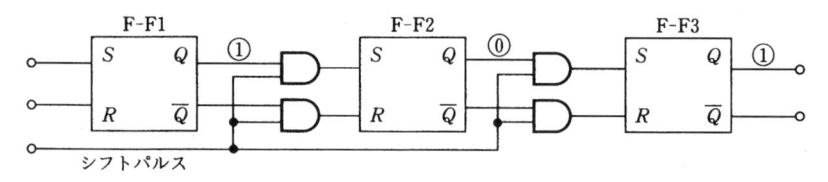

図4.37　3ビットシフトレジスタ

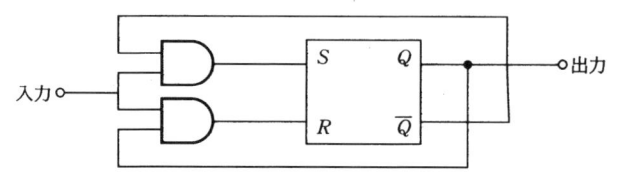

図4.38　1ビットカウンタ

### 4.6.4　2進カウンタ

　数を数えるレジスタのことをカウンタ（counter）という．1が入力された回数を数えて，その値を2進数で表示する回路を2進カウンタという．図4.38に1ビットの2進カウンタを示す．これは，ある時点で入力に1が入るとフリップ・フロップの出力が1になり，次にもう一度1が入力されると"0"になるものである．初期状態として$Q=0$，$\bar{Q}=1$とする．入力に1が入ると，S側のANDにより，フリップ・フロップSに1が入力され，Qが1となる．同様に$\bar{Q}$が0となる．再び入力に1が入るとQに0が出力し，$\bar{Q}$に1が出る．これらを複数個組み合せることにより，2進カウンタができる．一般に2進カウンタはTフリップ・フロップにより構成される．

**問題4.8**　1ビットカウンタを3個用いて，3ビット2進カウンタを構成せよ．

## 演習問題

**4.1**　コンピュータのデータ表現に関する次の説明を読んで，設問中の（　　）に入れるべき適当な数値を解答群の中から選べ．なお，解答は重複して選んでもよい．

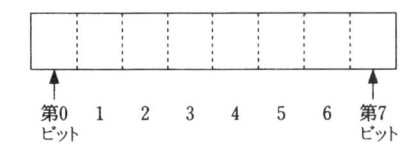

```
┌─┬─┬─┬─┬─┬─┬─┬─┐
│ │ │ │ │ │ │ │ │
└─┴─┴─┴─┴─┴─┴─┴─┘
 ↑                ↑
第0 1 2 3 4 5 6 第7
ビット           ビット
```

〔データ表現に関する説明〕

(1) データはすべて8ビットで表現する．
(2) 数値は8ビットの2進数で表現する．負数は2の補数で表現する．
(3) 設問中，算術データとは，第0ビットを符号とする2進数とする．また論理データとは，8ビットのビットパターンを符号なしの2進数とみなしたものとする．シフト演算もこれに準ずる．
(4) 論理右シフト演算を行ったとき，空いたビット位置にはすべて0が入るが，算術右シフトの場合は，符号ビットと同じものが入る．
(5) 算術シフトでは，符号ビットは元のまま不変であるが，論理左シフトでは8ビットすべてがシフトの対象となる．いずれの場合も空いたビット位置には0が入る．
(6) 図1は1ビット算術右シフトを行った例であり，図2は1ビット算術左シフトを行った例である．

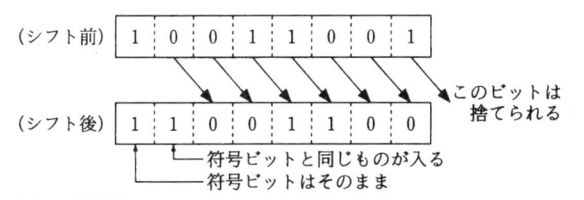

```
(シフト前) │1│0│0│1│1│0│0│1│
(シフト後) │1│1│0│0│1│1│0│0│      このビットは捨てられる
           └┬┘└─符号ビットと同じものが入る
            └──符号ビットはそのまま
```
図1　算術右シフト

```
(シフト前) │1│0│0│1│1│0│0│1│
(シフト後) │1│0│1│1│0│0│1│0│
            └─符号ビットはそのまま    └─0が入る
```
図2　算術左シフト

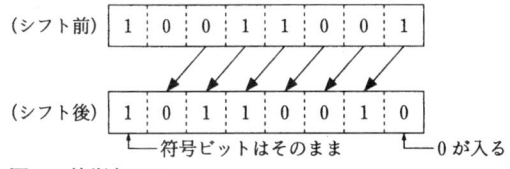

〔設問1〕

このコンピュータでは，算術データは（ a ）の範囲の値を，論理データは（ b ）の範囲の値を表現できる．

〔設問2〕
　10進数の－5を2進数で表現すると（　c　）となる．これは，論理データとしてみた場合，10進数で表現すると（　d　）である．

〔設問3〕
　10進数の－5を表現する2進数を左へ3ビットシフトした結果を2進数で表現すると，算術シフトでは（　e　），論理シフトでは（　f　）となる．また，算術シフトでは，あふれがなければ（　g　）倍することに等しい．

〔設問4〕
　一般に正数データを左へ$n$ビットシフトすることは（　h　）倍にすることに等しく，右へ$n$ビットシフトすることは（　i　）倍にすることに等しい．ただし，右へ$n$ビットシフトした結果，あふれ出たビットの中に1が1つでもあると，その分は（　j　）となる．

〔a，bに関する解答群〕
　ア　0～255　　　　イ　0～511　　　　ウ　0～1023
　エ　－128～127　　オ　－256～255　　カ　－512～511

〔c，e，fに関する解答群〕
　ア　11011000　　イ　00001101　　ウ　11111011　　エ　01110011
　オ　00000101　　カ　10000101　　キ　11111010

〔d，gに関する解答群〕
　ア　2　　　　イ　4　　　　ウ　8　　　エ　16　　　オ　32
　カ　251　　　キ　252　　　ク　253　　ケ　254　　コ　255

〔h，iに関する解答群〕
　ア　$2^n$　　　イ　$4^n$　　　ウ　$8^n$　　　エ　$16^n$　　　オ　$32^n$
　カ　$1/2^n$　　キ　$1/4^n$　　ク　$1/8^n$　　ケ　$1/16^n$　　コ　$1/32^n$

〔jに関する解答群〕
　ア　切捨て　　イ　切上げ　　ウ　四捨五入　　エ　不定

**4.2** 論理演算に関する次の設問に答えよ．

〔設問〕
　入力変数$A$，$B$に対する出力関数$F$が次の真理値表に示すものであるとき，(1)～(5)の各出力関数を得るのに適する論理式a～e，およびその

名称 f～j を解答群の中から選べ．

なお，論理式中の"・"は論理積を，"＋"は論理和を，"$\bar{X}$"は X の否定を表すものとする．

| 入力変数\\出力関数 | $A$ | 0011 | 論理式 | 名　称 |
|---|---|---|---|---|
| | $B$ | 0101 | | |
| (1) | $F$ | 0001 | a | f |
| (2) | $F$ | 1000 | b | g |
| (3) | $F$ | 1110 | c | h |
| (4) | $F$ | 0110 | d | i |
| (5) | $F$ | 1001 | e | j |

〔a～e に関する解答群〕

ア　$F=\overline{A\cdot B}$　　　イ　$F=A\cdot B$　　ウ　$F=A\cdot\bar{B}+\bar{A}\cdot B$

エ　$F=A\cdot B+\bar{A}\cdot\bar{B}$　　オ　$F=\overline{A+B}$

〔f～j に関する解答群〕

ア　否定論理積（NAND 演算）　　イ　論理積（AND 演算）

ウ　一致演算（等価演算）　　　　エ　否定論理和（NOR 演算）

オ　排他的論理和（EOR 演算）

**4.3**　次の記述による前提を与えたとき，その結論として正しいものを解答群の中から選べ．

(a)　命題 $A$, $B$ がある．$A$ ならば $B$ である．

(b)　集合 $A$, $B$, $C$ がある．$A$ は $B$ を含み，$B$ は $C$ を含まない．

(c)　論理値 $A$, $B$ があり，$A$ は真，$B$ は偽である．

〔(a)に関する解答群〕

ア　$B$ ならば $A$ である　　　　イ　$B$ ならば $A$ でない

ウ　$B$ でなければ $A$ である　　エ　$B$ でなければ $A$ でない

〔(b)に関する解答群〕

ア　$A$ は $C$ を含む　　　イ　$A$ は $C$ を含まない

ウ　$A$ は $C$ を含むとも含まないとも決められない

〔(c)に関する解答群〕

ア　$A$ と $B$ の論理和は偽である　　イ　$A$ と $B$ の論理積は真である

ウ　$A$ の否定は真である　　　　　　エ　$A$ と $B$ の排他的論理和は真である

**4.4** ビット演算に関する次の記述中の（　）に入れるべき適切な字句を，解答群の中から選べ．

8ビット（16進数で表示すると2けた）からなるコードXがアキュムレータにあるとする．次の(1)～(5)は，アキュムレータ上のXにビットごとの論理演算をほどこして，他のコードを生成する処理である．

(1) Xの最上位ビット（1番左側のビット）を0とするには，( a )．他の7ビットは変化させないものとする．

(2) Xの最上位ビットを1とするには，( b )．他の7ビットは変化させないものとする．

(3) Xの下位4ビットを変化させず，上位4ビットをすべて0とするには，( c )．

(4) Xの上位4ビットを変化させず，下位4ビットをすべて1とするには，( d )．

(5) Xの全ビットを反転させるには，( e )．

〔解答群〕

ア　16進数 0F と AND を取る
イ　16進数 0F と OR を取る
ウ　16進数 7F と AND を取る
エ　16進数 7F と OR を取る
オ　16進数 80 と AND を取る
カ　16進数 80 と OR を取る
キ　16進数 FF と AND を取る
ク　16進数 FF と OR を取る
ケ　16進数 FF と EOR (Exclusive OR) を取る

# 第5章
# コンピュータの組織

1946年にフォン・ノイマン（John von Neumann, 1903-1957）によって提案された，コンピュータの基本的な設計思想であるプログラム内蔵方式（stored program system）が現在のほとんどのコンピュータに採用されている．この方式は記憶装置に格納されているプログラムの命令を順次取り出し実行するものである．これを逐次制御（sequential control）という．この逐次制御により命令（instruction）が実行される．この方式から脱皮し，新しい方式のコンピュータを設計しようというのが新世代コンピュータである．新世代コンピュータにおいては人間に近い判断や高度な処理が可能となる．

本章においては，ノイマン形コンピュータを構成する各組織について詳細に述べる．

## 5.1 中央処理装置

中央処理装置（CPU: Central Processing Unit）は，コンピュータ・システムの中枢をなす部分であり，制御装置（control unit）と算術論理演算装置（ALU: Arithmetic and Logic Unit）から構成され，ときには主記憶装置（main storage unit）も含める場合がある．

中央処理装置の役割は，コンピュータシステムの5大機能をどのように組み合せて与えられたプログラムを実行するかを制御するものである．すなわち，プログラムの命令を順番に取り出して，その命令のデータに対して演算を施す装置ともいえる．この処理過程を図5.1に示す．1つの命令を読み出し，その命令がどのようなことを行う命令かを解読し，処理対象となるデータが格納さ

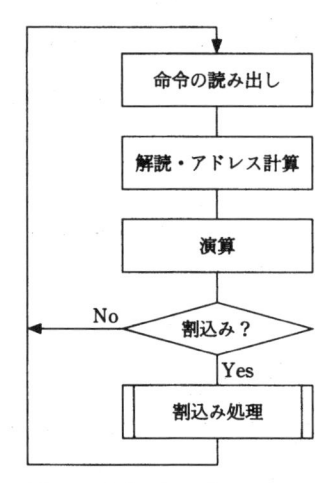

図5.1 命令の処理過程

れている番地を計算する．その後，演算などの実行に入る．そのとき，割込み(interruption) 要求があれば，現在実行中のプログラムを中断して，一時割込み要求のあったプログラムを実行する．命令の読み出しからアドレス計算までを，命令の読み出し段階（fetch cycle）という．実際に演算処理される段階を実行段階（executive cycle）という．また，割込み処理の段階を割込みサービス段階（interrupt service cycle）という．これを繰り返すことによりプログラムが処理される．割込みの要因としては次の5種類が一般的である．

① 機械チェック割込み
　CPUや主記憶装置に誤りが発生したときや，電源の変動・切断が生じたとき．パリティチェックによる誤りが検出されたときもその一例である．

② 外部割込み
　オペレータが特別な事情により割込みの操作をしたり，プログラム処理で予定されていたCPU時間をオーバーした場合等である．

③ プログラム割込み
　プログラムを処理中に，零で割ることや桁あふれ等の異常事態が発生したとき．

④ スーパーバイザコール (supervisor call)
プログラムを実行しているときに，データ入力要求等の特別なサービスを必要とするとき．

⑤ 入出力割込み
入出力命令は，CPU が直接実行するのではなく，チャネル（後述）装置が CPU に代って行う．このとき，その命令の実行が終了すると CPU に知らされ割込みが生ずる．

これらのあらかじめ考えられる要因に対して，対処するプログラムをサブルーチン（副プログラム，後述）として作成しておき，割込みが発生すると必要なサブルーチンを処理する．これらのプログラムを割込み処理プログラムという．

我々は，COBOL，FORTRAN，BASIC，C 等の人間に近い言語を用いてプログラムを作る．実際には，コンピュータは 2 進数で表された機械語により仕事を処理する．ここで，図 5.1 の流れに従って命令が実行される過程を示す．命令は，一般に図 5.2 に示すように命令部（OP：OPeration part）とアドレス部（address part）から構成される．これは「…を～せよ」という形になっており，命令部が「～せよ」，アドレス部が「…番地のデータを」を意味している．

図 5.3 に CPU 内部の基本動作図を示す．まず，プログラムカウンタ（PC）により，読み出すべき命令が入っている番地が示される．たとえば，1000 番地が指定されていると，主記憶装置の 1000 番地の内容がメモリレジスタ（MR）に転送される．メモリレジスタは，命令やデータを取り出すときに用いられる場所である．命令の場合は，その後インストラクションレジスタ（IR）に転送される．IR の OP 部は解読器（decoder）によりどのような命令であるかが解読され，関係する装置の論理回路に指令パルスを出す．このパルスを受けた装置は指定された動作を行う．アドレス部（adr）の内容がアドレス計算回路に送られ，目的とするデータが格納されている番地（実効アドレ

| （～せよ） | （……を） |
|---|---|
| 命令部 | アドレス部 |

図 5.2 命令形式

94 ───── 第5章　コンピュータの組織

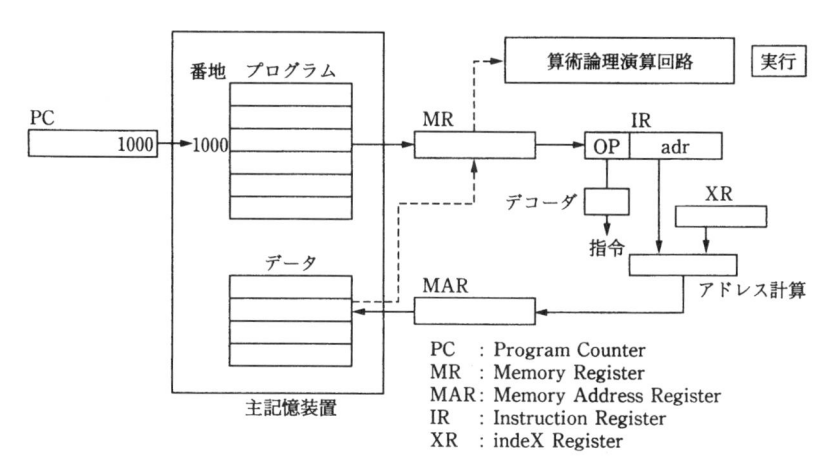

```
PC    : Program Counter
MR    : Memory Register
MAR   : Memory Address Register
IR    : Instruction Register
XR    : indeX Register
```

図 5.3　CPU 内部の基本動作

ス）を求める．このとき，指標レジスタ（インデックスレジスタ：XR）により番地が修飾されて変えられることがある．XR と adr 部の内容がアドレス計算され，求められた番地を実効アドレス（effective address）という．実効アドレスがメモリアドレスレジスタ（MAR）に送られ，その値が指す番地の内容（データ）がメモリレジスタ（MR）に入る．このデータが算術論理演算回路に送られ，加算や減算などの処理が施される．処理が終了したら，次に実行すべき命令が格納されている番地が PC にセットされる．その後，同様の過程が繰り返される．

　CPU においては，1つの命令をメモリから取り出し（フェッチ：fetch という），デコード（解読）後実行し結果をメモリに書き込むというサイクルになっている．このとき，1つの命令のサイクルが終了後，次の命令をフェッチするのでは時間の無駄が生じる．1つの命令がフェッチされデコードに入るとき，次の命令をフェッチし，流れ作業的に処理する方法をパイプライン（pipeline）方式という．1つの命令の処理過程をパイプラインとすると，少しずつスタートが遅れたパイプラインが複数実行されることになる．

　命令は命令部とアドレス部から構成されることを先に述べた．命令部で示される種類としては，次のようなものがある．

　　　演算命令…論理演算，算術演算，シフト，比較
　　　分岐命令…プログラムの流れを変える命令

```
0アドレス命令      [命令部]
1アドレス命令      [命令部|アドレス部]
1½アドレス命令    [命令部|レジスタ部|アドレス部]
2アドレス命令      [命令部|第1アドレス部|第2アドレス部]
3アドレス命令      [命令部|第1アドレス部|第2アドレス部|第3アドレス部]
```

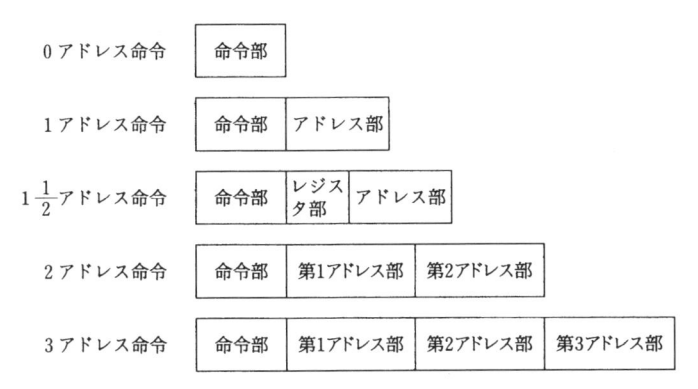

図5.4 いろいろな命令の形式

　転送命令…主記憶装置とレジスタ等の間でデータを転送する命令
　特殊命令…停止，特権命令

アドレス部は，データや命令の記憶されている番地（address）を指定する所である．主記憶装置には番地が付けられている．たとえば，16ビットでその番地が表されるとすると，0番地から $2^{16}-1=65535$ 番地まで表せる．また，ただ1個のアドレス部しか持たない命令から3個のアドレス部を持っている命令まである．これを図5.4に示す．一般には，$1\frac{1}{2}$ アドレス命令が用いられる．これは，指定されたアドレスの内容とレジスタの間で何らかの演算を施すものである．3アドレス命令では，第1アドレスと第2アドレスで指定されるデータを演算し，結果を第3アドレスで指定される番地に格納するとき等に用いる．

　主記憶装置の各番地が8ビットのデータを格納することができるとする．これをロケーション（location）という．このとき，図5.5のような主記憶の空間ができる．0～65535番地を絶対アドレス（absolute address）といい，これらの番地を便宜上記号を用いて指定することもできる．たとえば，10000番地をADR1という記号で表すと，10001番地はADR1+1番地となる．これを記号アドレス（symbolic address）という．

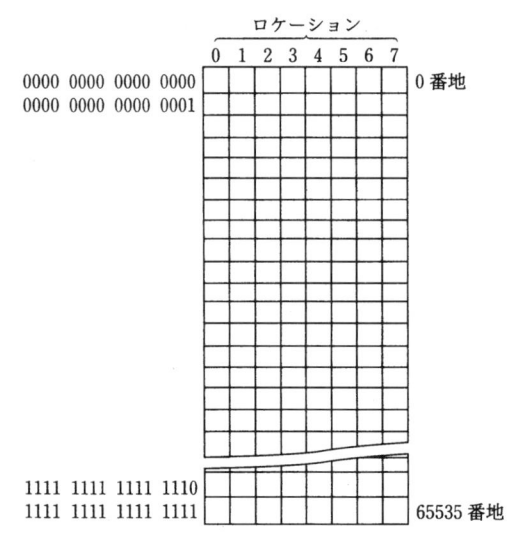

```
                    ロケーション
                0 1 2 3 4 5 6 7
0000 0000 0000 0000                    0番地
0000 0000 0000 0001



















1111 1111 1111 1110
1111 1111 1111 1111                    65535番地
```

**図 5.5** メモリ空間

## 5.2 アドレス指定

アドレス部から実効アドレスを求めるには，命令の形式によりいろいろな方式がある．ここでは実効アドレスを求める方法について述べる．実効アドレスは絶対アドレスで示されることになる．アドレス部に絶対アドレスを書くことは，プログラムを移動したときなどに書き直さねばならなく面倒である．これに対して，ある基準としたアドレスからの変位 (displacement) で相対的に表す方法がある．これを相対アドレス (relative address) という．基準となるアドレスを基底アドレス (base address) といい，普通はそのプログラムの最初の命令が入っている番地を用いる．これらの関係を図 5.6 に示す．

### 5.2.1 即値アドレス

アドレス部の内容が処理すべきデータそのものであるとき，これを即値アドレス (immediate address) という．この場合，主記憶装置を参照することなく直接命令を実行することができる．

5.2 アドレス指定 ——— 97

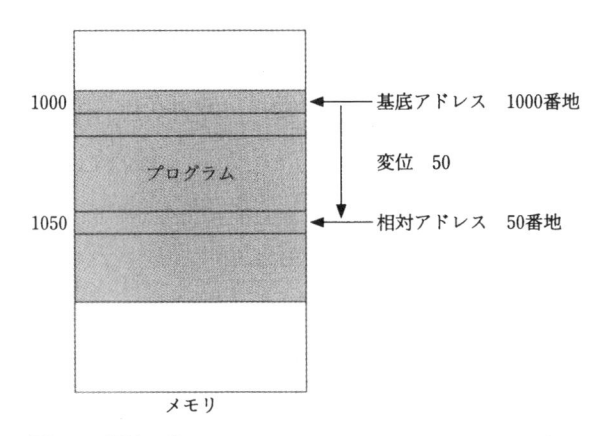

```
1000 ┌─────────────┐
     │             │
     ├─────────────┤ ◀── 基底アドレス 1000番地
     │ プログラム  │      変位 50
1050 │             │ ◀── 相対アドレス 50番地
     ├─────────────┤
     │             │
     │             │
     └─────────────┘
           メモリ
```

図 5.6 相対アドレス

### 5.2.2 直接アドレス指定

アドレス部に，処理の対称となるデータが入っている番地が書かれている．これを直接アドレス（direct address）という．これには絶対アドレスで書かれている場合と相対アドレスで書かれている場合がある．絶対アドレスで書かれている場合は，プログラムの格納位置を変更するとアドレスも書き直さねばならない．

### 5.2.3 間接アドレス指定

アドレス部で指定される記憶場所には，データが格納されている記憶場所が記されている．これを間接アドレス（indirect address）という．この指定方式では，2回主記憶装置をアクセス（access）する必要がある．さらに，3重，4重の間接アドレス指定がある．この特徴は命令を全く変更しないで任意の記憶場所を参照できることである．短所としては，アドレス指定のための時間がかかることである．直接アドレス指定と間接アドレス指定について図5.7に示す．

### 5.2.4 レジスタ・アドレス指定

命令のアドレス部にはレジスタの番号が記されており，そのレジスタに処理データが格納されている番地が格納されている．これをレジスタ・アドレス指定（register addressing）という．この概要を図5.8に示す．

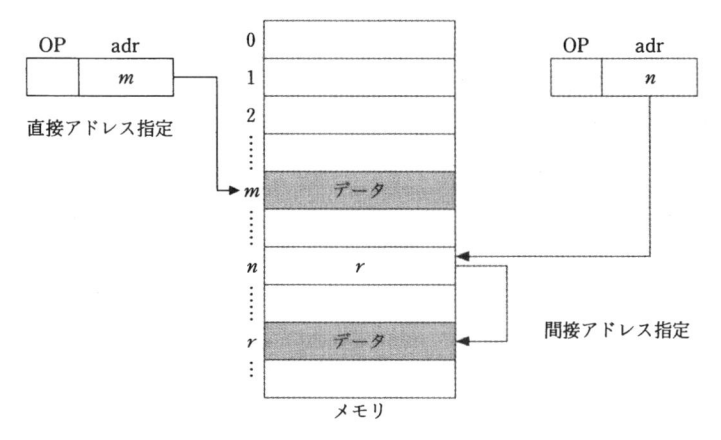

図 5.7　直接アドレス指定と間接アドレス指定

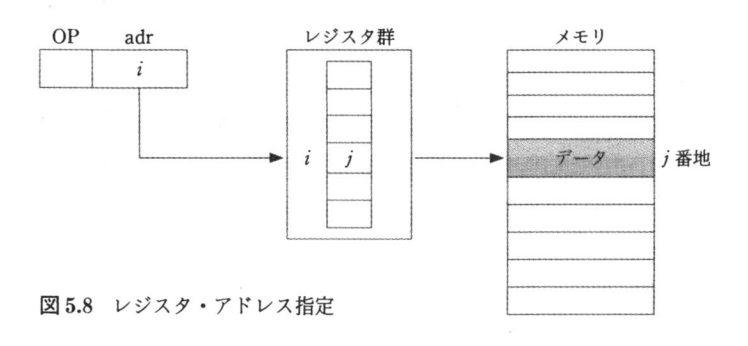

図 5.8　レジスタ・アドレス指定

### 5.2.5　指標アドレス指定

アドレス部は 2 つの部分から構成されており，1 つは本来のアドレス部と，もう 1 つはそのアドレスを修飾するためのデータが格納されているレジスタ番号が示されている．このレジスタを指標レジスタ（XR : index register）という．実効アドレスは指定された指標レジスタの内容とアドレス部の内容を加えることにより求まる．指標レジスタの内容を 1 ずつ順次増やすことにより，連続した番地を指定できる．これを図 5.9 に示す．

### 5.2.6　自己相対アドレス指定

プログラムカウンタ（PC）には，現在進行中の命令の次に実行すべき命令の番地が記憶されている．例えば，現在 $i$ 番地の命令が実行されていたとす

図5.9 指標アドレス指定

図5.10 自己相対アドレス指定

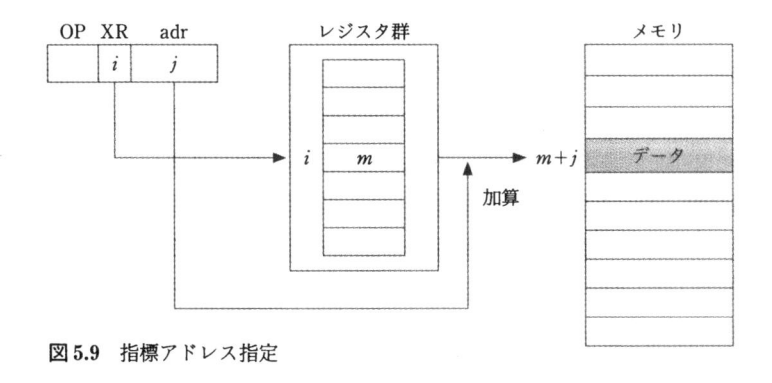

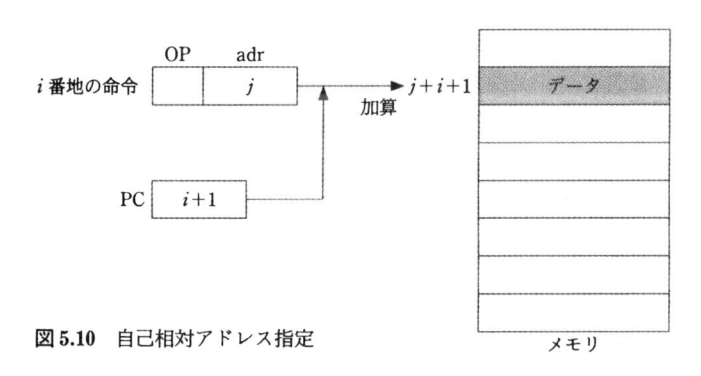

る.そのとき,PCの内容は$i+1$番地とする.実行中の命令のアドレス部の値にこの$(i+1)$を加えたものが,処理するデータが格納されている番地(実効アドレス)のとき,自己相対アドレス指定(self-relative addressing)という.これを図5.10に示す.

### 5.2.7 ベース・アドレス指定

最近のコンピュータの利用形態は,高度情報化社会に適合するよう多様化する傾向にある.このため,主記憶装置にただ1個のプログラムのみ存在するということはまれであり,複数のプログラムが存在するのが普通である.多数のプログラムが主記憶装置に存在すると,プログラムの格納位置は時々刻々再配置により変えられる.このとき,プログラムの各命令を図5.6で示した相対ア

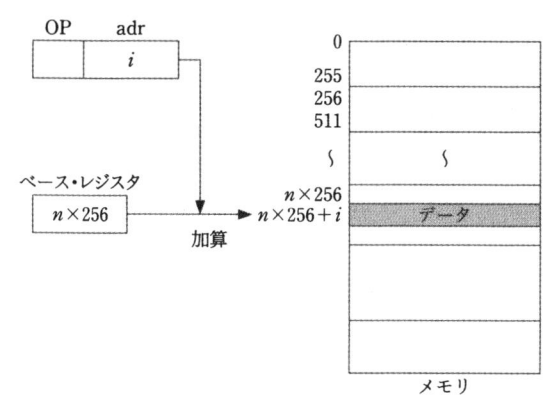

図5.11 ベース・アドレス指定

ドレス指定で示し，基底アドレスを基底レジスタ（base register）にセットしておけば，非常に便利である．再配置（relocation）されたとき，そのプログラムの先頭の命令が格納されている番地を基底レジスタにセットし，その値と各命令のアドレス部の値を加えたものを実効アドレスとするのがベース・アドレス指定（base addressing）である．すなわち，

　　　実効アドレス＝基底レジスタの内容
　　　　　　　　　＋相対アドレスで指定されたアドレス部の内容

　再配置するときの格納番地は256番地の整数倍になることが多い．つまり，基底アドレスの内容は256の整数倍となり，この値からプログラムが格納される．これらの様子を図5.11に示す．

**問題5.1** 主記憶装置のアドレスに関する次の記述中の（　）に入れるべき適当な字句を解答群の中から選べ．

　　　主記憶装置に付けられる固有の番地を（ a ）という．これに対して，基準となる番地を決め，そこから何番地目かということで記憶装置の番地を指定する方式を（ b ）方式という．この場合，基準になる番地を（ c ）といい，そこから何番地目かという指定を変位（ディスプレースメント）という．

　　　番地の指定に（ b ）を用いると，（ c ）を変えるだけでプログラムやデータを主記憶内の任意の位置に格納することが可能になる．

これを（ d ）という．

〔解答群〕
ア　有効アドレス　　イ　命令アドレス　　ウ　絶対アドレス
エ　記号アドレス　　オ　基底アドレス　　カ　相対アドレス
キ　再入可能　　　　ク　再配置可能　　　ケ　再使用可能

**問題 5.2** 中央処理装置の動作に関する次の記述中の（　）に入れるべき適当な字句を解答群の中から選べ．

　逐次制御方式のコンピュータでは，プログラムが主記憶上に格納されており，命令は（ a ）で示される番地から読み出され，（ b ）に設定されてから解読され実行される．このとき，ある命令のオペランド部はアドレスを持っており，これが（ c ）されていれば，命令実行前にオペランド部のアドレスと，指定された（ d ）の値とを加算し，実効アドレスを求めておく．

　この命令の実行終了時の（ a ）には，この命令が飛越し命令であれば（ e ）値が，それ以外の命令であれば（ f ）値が設定される．

〔a～dに関する解答群〕
ア　ベースレジスタ　　　　イ　指標（インデックス）修飾
ウ　累算器（アキュムレータ）　　エ　アドレスレジスタ
オ　命令レジスタ　　　カ　命令アドレスレジスタ
キ　制御装置　　　ク　記憶レジスタ
ケ　指標（インデックス）レジスタ

〔e～fに関する解答群〕
ア　指標（インデックス）レジスタからの
イ　命令レジスタから　　ウ　飛越し先の有効レジスタ
エ　命令の長さだけ加算された
オ　命令の長さだけ減算された

## 5.3 主記憶装置

記憶装置（storage unit）はデータやプログラムを格納したり取り出したりすることができる装置であり，単にメモリ（memory）とかストレージ（strage）とも呼ばれている．記憶装置には主記憶装置（MS：Main Storage）と補助記憶装置（auxilliary store memory）がある．補助記憶装置については 5.4 節にて述べることとし，ここでは主記憶装置について述べる．

### 5.3.1 主記憶装置の役割

主記憶装置（MS）は，入力装置から入力したデータやプログラムを，中央処理装置のアドレス指定により，直接処理するために記憶する装置であり，内部記憶装置（internal storage）とも呼ばれている．主記憶装置の役割を示すと図 5.12 のようになる．すなわち，処理されるプログラムやデータは必ず主記憶装置を経由していることになる．この主記憶装置に格納しきれないプログラムやデータは補助記憶装置に格納される．中央処理装置で処理されるプログラムやデータは直接補助記憶装置から読み取られることはなく，必ず主記憶装置を通ることになる．

主記憶装置に使用された記憶素子とそのアクセス（access）時間を，用いら

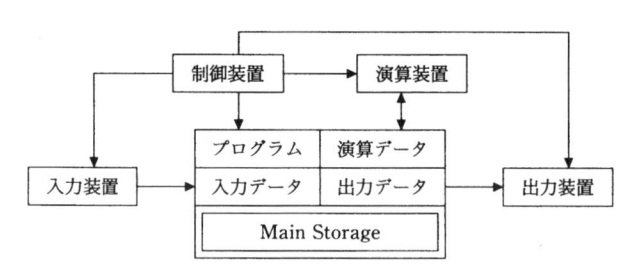

図 5.12 主記憶装置の役割

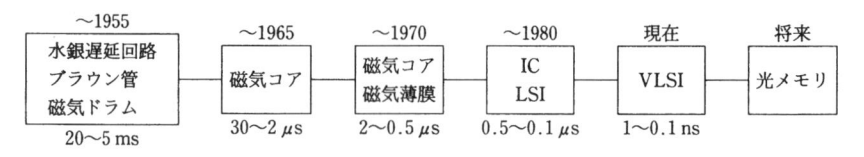

図 5.13 主記憶装置を構成する記憶素子の開発過程

## 5.3 主記憶装置

**表5.1 容量と速さの単位**

| 容量 | | 速さ | |
|---|---|---|---|
| 1 KB (キロバイト) | $2^{10}=1024$ バイト | 1 ms (ミリ秒) | $10^{-3}$ 秒 |
| 1 MB (メガ) | $2^{20}=1024$ KB | 1 $\mu$s (マイクロ) | $10^{-6}$ 秒 |
| 1 GB (ギガ) | $2^{30}=1024$ MB | 1 ns (ナノ) | $10^{-9}$ 秒 |
| 1 TB (テラ) | $2^{40}=1024$ GB | 1 ps (ピコ) | $10^{-12}$ 秒 |

れたおおよその年代順に示すと図5.13のようになる．アクセス時間とはデータ等を呼び出す時間のことであり，コンピュータ開発当初の頃に比べると，現在では1000万倍以上も速くなってきている．また，記憶容量も大容量化の道をたどり，パソコンでさえも1 GB（ギガバイト）が普通になってきている．速さと記憶容量の単位を表5.1に示す．

### 5.3.2 半導体メモリ

初期の主記憶には磁気コア（magnetic core）が用いられた．これは，直径が0.5 mm程度の非常に小さいリング状のフェライトに4本の線を通し，"1"と"0"を記憶させるものである．

磁気コアの後に主記憶装置に用いられたのが半導体メモリである．半導体メモリは，IC (Integrated Circuit) メモリとも呼ばれ，数ミリ角の基板の上にトランジスタやダイオード，抵抗，コンデンサ等の回路部品を詰め込み，メモリを構成したものである．ICからLSI (Large Scale Integration)，VLSI (Very Large Scale Integration) メモリへと変遷してきた．現在では，1 Gバイトを越える容量のものや，アクセス時間が0.1 ns（ナノ秒）以下のものが発表されている．これは，磁気コアに比べて1000倍以上の速度である．ICメモリを分類すると次のようになる．

```
            ┌ ROM ┌ マスクROM  ┌ PROM
            │     │           │ EPROM
ICメモリ ┤     └ ユーザPROM┤ EEPROM
            │                  └ フラッシュメモリ
            └ RAM ┌ SRAM
                  └ DRAM
```

ROMは，不揮発性で読み出し専用のメモリ（ROM：Read Only Memory）である．コンピュータの電源投入時に最初に使用される初期プログラムローダ（IPL：Initial Program Loader）等の固定化したプログラムやデータを格納するために用いられる．電源を切断してもなくならず，非常に便利であるが，データをソフト的に書き込むことはできない．工場出荷時にすでにメモリの内容が書き込まれているものをマスクROM（mask ROM）という．マスクROMは，同一内容のROMを大量に作る場合等に適用される．マスクROMの内容をユーザが変更することはできない．これに対して，ユーザが内容を書き込むことができるものをユーザプログラマブルROM（PROM：Programable ROM）という．PROMの中には，ユーザがその内容を消して，書き換えることのできるEPROM（Erasable PROM）がある．消去の方法としては，紫外線を照射する方法と電気的に消去する方法とがある．紫外線によるものを単にEPROM，電気的に行うものをEEPROMという．また，電気的に一括して内容を消せるPROMとしてフラッシュメモリがある．

RAMは読み書きができるメモリ（RAM：Random Access Memory）であり，スタティックRAM（SRAM：Static RAM）とダイナミックRAM（DRAM：Dynamic RAM）がある．これらは電源を切断すると記憶内容は消滅する．このため，揮発性メモリと呼ばれている．SRAMはフリップ・フロップで構成されており，装置に電源が投入されている限り安定にデータの読み書き，保持ができる．DRAMはMOS（Metal Oxide Semiconductor）トランジスタに接続されたコンデンサに電荷が蓄積されているかどうかで"1"，"0"を判定する．コンデンサの電荷は時間の経過とともに放電等によりなくなる．このため，失われた電荷を一定時間ごとに補う必要がある．これを再生（refresh）という．再生は一定時間ごとであるから，消費電力はSRAMよりも小さくて済むが速度は遅い．SRAMとDRAMの特徴を表5.2に示す．

**表5.2** SRAMとDRAMの特徴

|      | 消費電力 | 価格／ビット | 記憶容量 | 速度 |
|------|---------|-------------|---------|------|
| SRAM | 大きい  | 高い        | 小さい  | 速い |
| DRAM | 小さい  | 安い        | 大きい  | 遅い |

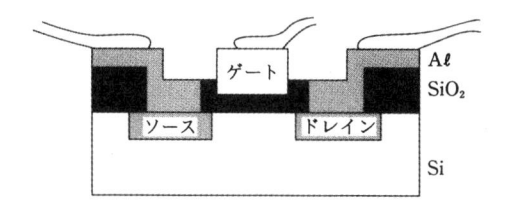

図5.14　MOS形トランジスタ

　RAMはその回路を機能させるキャリアの構成により，バイポーラ (bipolar) 形とユニポーラ (unipolar) 形がある．バイポーラ形は，npnやpnp等の普通のトランジスタを用い，そのキャリアは自由電子と正孔の両方がある．これに対して，ユニポーラ形はMOS形とも呼ばれ，そのキャリアは自由電子か正孔のどちらか一方である．自由電子のものをNMOSといい，正孔のものをPMOSという．また，同一基板上にNMOSとPMOSの両方が形成されているものをCMOS (Complementary MOS) という．MOSは，図5.14に示すようにアルミニウムの金属電極，二酸化シリコンの絶縁膜，シリコンの半導体から構成される．トランジスタと同様に3つの電極があり，それらをソース (source)，ゲート (gate)，ドレイン (drain) という．このMOSトランジスタを複数個用いて回路を構成することによりメモリ作用を行う．バイポーラ形とMOS形を比較すると，バイポーラ形RAMはICメモリの中で最も速度が速く（0.1 ns以下のものもある）消費電力が大きい．このため，バイポーラ形は主記憶というよりも，レジスタやキャッシュ (cache) メモリに用いられる．MOS形は集積度が大きいが，アクセス時間が長い．SRAM，DRAMの両方にバイポーラ形とMOS形がある．

　主記憶装置からのデータ読み出しで，読み出しの要求が出てからCPUに実際にデータが入力されるまでの時間をアクセス時間 (access time) という．また，主記憶装置に対して連続的にデータの読み出しができる最小の時間間隔をサイクル時間 (cycle time) という．主記憶のアクセス時間は数十 ns である．これに対して，CPUの動作時間は1 ns以下である．これらのギャップを埋めるためにキャッシュメモリ (cache memory) という緩衝記憶 (buffer memory) が必要となる．すなわち，CPUで必要なデータをあらかじめキャッシュメモリに持ってきておくことにより，見かけ上の速度が向上する．この

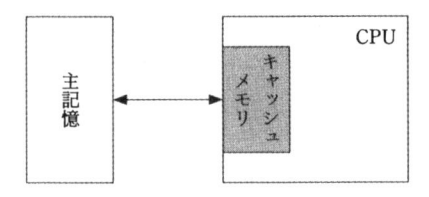

**図 5.15** キャッシュメモリ（バッファメモリ）

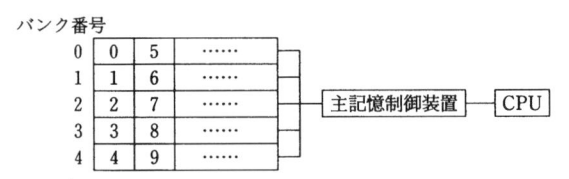

**図 5.16** 5 ウエイ（way）メモリインタリーブ

様子を図 5.15 に示す．CPU がキャッシュメモリから情報を取り出せない確率を NFP（Not Found Probability）といい，0.05 以下である．

さらに，主記憶装置のメモリをバンク（bank）という独立に動作可能な領域に分割し，隣り合うアドレスを別々のバンクに順番に割り付けることにより，すべてのバンクの並行動作を行うことができ，連続するメモリの内容を高速にアクセスできる．これをメモリインタリーブ（interleave）方式という．これを図 5.16 に示す．このようにメモリアクセスを高速にするさまざまな知恵が出されている．

主記憶装置では普通は 1 語 1 バイト（8 ビット）で構成される．これまで述べてきた 1 ビットを構成する素子を，たとえば縦横 $512 \times 512 = 262144$ 個並べて 1 つの IC を形成する．この IC には 1024 Kb（キロビット）記憶できることになる．この IC 8 個で 1024 KB（キロバイト）の記憶容量，すなわち 1 MB（メガバイト）の容量があることになる．

### 5.3.3 その他のメモリ

その他のメモリとして，バブルメモリ（bubble memory），光メモリ（optical memory），電荷結合デバイス（CCD：Charge Coupled Device），ジョセフソン効果を利用したメモリがある．

バブルメモリは，磁性材料で作った薄い膜面に垂直方向から磁界を印加すると小さな泡状の磁区（magnetic domain）が生じる．これを磁気バブル（magnetic bubble）という．この磁気バブルをその平面内で動かす（転送）こともできる．これを利用してメモリを構成する．光メモリはレーザー光線を用いて読み書きができるメモリであり，非常に高速で高密度化が期待できる．最もスピードが速いのは光であり，1ビットの大きさを光の波長程度にすることができるため，今後のメモリとして現在開発中である．CCDはICの中に電荷を蓄積するための井戸のような部分があり，そこに電荷を蓄積したり，その電荷を転送したりすることができるシフトレジスタに似たメモリである．ジョセフソン素子（Josephson device）は2つの超電導体を微少な間隔（数nm，nm＝$10^{-9}$m）をあけて接近させるものである．このとき，超電導体間に電流が流れる．この電流量は磁界の強さで変わる．また，磁界の強さにより，2つの超電導体間に電圧が発生する場合と，発生しない場合がある．これをビットの"1"と"0"に対応させて，論理演算や記憶に用いる．

### 5.3.4 主記憶装置の動作

図5.12でCPUと主記憶装置（MS）の関係について述べたが，ここで少し詳しく，その構造と動作について説明する．主記憶装置は，ビット列により情報を記憶する部分（メモリ空間）と，CPU等の外部とデータをやりとりする

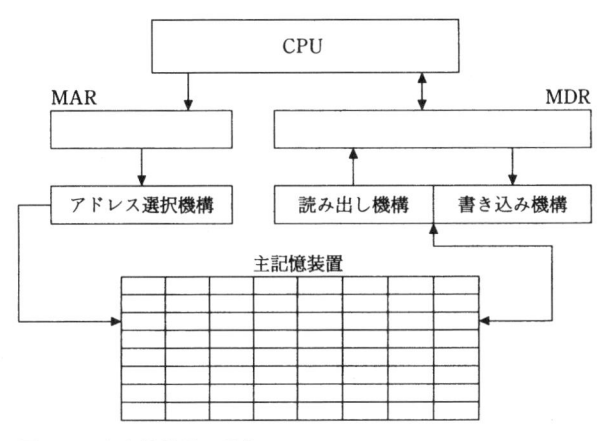

図5.17 主記憶装置の動作

ために一時的にデータを記憶するメモリデータレジスタ（MDR）部，どの番地に対して読み書きするかを指定するメモリアドレスレジスタ（MAR）部から構成される．さらに，データを読み出す機構とデータを書き込む機構がある．これを図5.17に示す．

データを読み出すときは，必ずMARに読み出したいデータが入っている番地を知らせるとともに，読み出し機構に読み出し信号を送る．MARに送られたアドレスをアドレス選択機構が解読し，主記憶装置の特定の番地を選択する．選択されたアドレスのデータがMDRに取り入れられ，CPUに入力される．書き込みの場合も，アドレス選択は同様に行われ，書き込みデータがCPUからMDRに送られる．書き込み機構はMDRのデータをアドレス選択機構で指定された番地に書き込む．以上が主記憶装置の処理手順の概要である．

**問題 5.3** コンピュータに関する次の記述中の（　）に入れるべき適当な字句を解答群の中から選べ．

(1) 中央処理装置（CPU）が，記憶装置から，または記憶装置への情報の転送を要求してから，情報の受け渡しが完了するまでの時間を（ a ）という．また，転送動作を繰り返して行わせることのできる最短時間周期のことを（ b ）という．

(2) 入出力装置と主記憶装置との間で，CPUの指令に基づいて，CPUとは独立して直接情報の授受を行う装置を（ c ）という．

(3) 互いに動作の歩調の異なる装置の間にあって，速度，時間などの調整を行ったり，両者を独立して動作させたりするための記憶装置を（ d ）という．

(4) 磁気ディスク記憶装置や磁気テープ記憶装置のように，電源を切ってもデータが消去されない記憶装置を（ e ）という．

〔a，bに関する解答群〕
ア　応答時間　　イ　サイクル時間
ウ　制御時間　　エ　ターンアラウンド時間
オ　呼び出し時間（アクセス時間）

〔c～eに関する解答群〕
ア　緩衝記憶装置（バッファ記憶装置）　　イ　揮発性記憶装置
ウ　高速記憶装置　　　エ　持久記憶装置　　　オ　主記憶装置
カ　チャネル　　　キ　中央処理装置（CPU）
ク　不揮発性記憶装置　　　ケ　連結装置

**問題 5.4** コンピュータの主記憶装置に関する次の記述中の中から，正しいものを3つ選べ．

ア　半導体記憶素子は，不揮発性の素子であり，この素子を利用して作られた記憶装置は，電源の瞬断に対して耐性が強く，記憶されている内容もそのまま保持される．

イ　半導体技術の発達により，最近の大型コンピュータには，100メガバイト以上の主記憶を実装したものがある．

ウ　仮想記憶システムといえども，実記憶装置以上の大きさのアドレス空間を作り出すことはできない．

エ　仮想記憶システムの目的の1つは，大容量の論理アドレス空間を作り出し，そのシステムに実装されている実記憶装置の容量以上のアドレス空間を利用できるようにすることである．

オ　仮想記憶システムにおけるアドレス空間の大きさは，実記憶装置より大きくとれるが，1つのプログラムで利用できるアドレス空間の大きさは，そのコンピュータシステムが実装している実記憶装置の大きさまでである．

カ　バイト単位でアドレスすることのできるコンピュータで，記憶容量が1024キロバイト（1キロバイト＝1024バイト）の主記憶装置のアドレスを表現するのに必要なビット数は，20ビットである．

キ　CPUに実装されるバッファ記憶装置（キャッシュメモリ）は，主記憶装置に比べてアクセス時間は遅いが，記憶容量が大きいのでCPUの性能向上に役立つ．

## 演習問題 I

**5.1** アドレス修飾に関する次の記述中の（　）に入れるべき適当な字句を解答群の中から選べ．なお，解答は重複して選んでもよい．

　機械語命令のアドレスの値（またはディスプレイスメントの値に基底アドレスの値を加えたもの）に指定された（ a ）の内容を加えた値が実効アドレスになる．通常はこの実効アドレスで示された場所に目的とするデータ（または命令）が存在する．

　コンピュータによっては，上の実効アドレスの内容が必ずしも最終的なデータ（または命令）ではなく，この内容を使ってさらにアドレス計算を続けられるものがある．これを間接アドレス方式という．間接アドレス方式のコンピュータの場合は，機械語命令の中に間接アドレス修飾を行うか否かを示すビットがある．間接アドレス修飾を一重ではなく何重にも行えるコンピュータも存在するが，以下では間接アドレス修飾は一重だけとする．

　さて，あるコンピュータの機械語命令が次のような形をしているものとする．

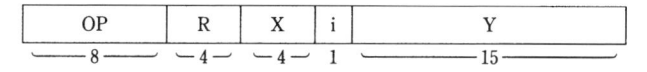

| OP | R | X | i | Y |
|---|---|---|---|---|
| ―8― | ―4― | ―4― | 1 | ―――15――― |

ここで各記号の意味は，次の通りとする．

OP：演算コード
　R：汎用レジスタ指定　0〜15
　X：（ a ）指定　0〜15（0ならば（ a ）による修飾なし）
　i：1ならば間接アドレス指定
　Y：アドレス部　0〜32767

アセンブラではこの命令をOP　R, Y, X, iと書くものとする．

　今，（ a ）1，すなわちX1の内容が14，（ a ）2，すなわちX2の内容が15であるとし，主記憶の一部の内容が次の図のようになっているものとする．ただし，数字はすべて10進数である．

　このとき，OP　8, 1000, 1, 0という命令の有効アドレスは，（ b ）である．また，OP　8, 1000, 1, 1という命令の有効アドレスを求める

| アドレス | OP | R | X | i | Y |
|---|---|---|---|---|---|
| 1000 | —— | 1 | 1 | 0 | 200 |
| 1001 | —— | 2 | 2 | 0 | 300 |
| 1002 | —— | 3 | 1 | 0 | 400 |
| 1003 | —— | 4 | 2 | 0 | 500 |
| 1011 | —— | 1 | 1 | 0 | 1000 |
| 1012 | —— | 2 | 2 | 0 | 1000 |
| 1013 | —— | 3 | 1 | 0 | 1111 |
| 1014 | —— | 4 | 2 | 0 | 1111 |
| 1015 | —— | 1 | 1 | 0 | 2222 |
| 1016 | —— | 2 | 2 | 0 | 2222 |

には，( c ) 番地の内容からアドレス部の値 ( d ) に ( e ) の内容を加えればよい．その結果は ( f ) となる．

〔a に関する解答群〕
ア　アキュムレータ　　　　イ　指標レジスタ
ウ　シフトレジスタ　　　　エ　スタックポインタ
オ　プログラムカウンタ　　カ　インターバルタイマ

〔b，c，d，f に関する解答群〕
ア　1000　　イ　1014　　ウ　1015　　エ　1024　　オ　1111
カ　1124　　キ　1125　　ク　1126　　ケ　1199　　コ　1200

〔e に関する解答群〕
ア　R1　　イ　R2　　ウ　R3　　エ　R4　　オ　X1　　カ　X2

5.2　コンピュータシステムの構成に関する次の記述中の（　）に入れるべき適切な字句を，解答群の中から選べ．

　　大型のコンピュータシステムの基本構成は，図に示すように，中央処理装置，記憶制御装置，主記憶装置，入出力チャネル，補助記憶装置からなっている．中央処理装置（CPU）は，命令制御部と演算処理部から構成される．

　　命令制御部は，命令の実行制御を行う．1つの演算命令は，( a )，命令解読，( b )，( c )，( d ) の順で実行される．これに合わせて

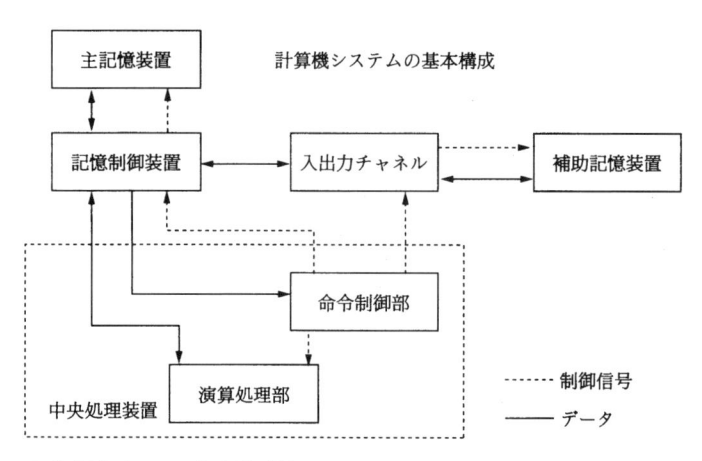

```
┌──────────┐
│ 主記憶装置 │         計算機システムの基本構成
└────┬─────┘
     ↕
┌──────────┐     ┌──────────┐     ┌──────────┐
│ 記憶制御装置 │←→ │ 入出力チャネル │←→│ 補助記憶装置 │
└──────────┘     └──────────┘     └──────────┘
     │               ↕
     │         ┌──────────┐
     │         │  命令制御部 │
     │         └──────────┘
     │               │
     │         ┌──────────┐
     │         │  演算処理部 │
     │         └──────────┘
     │  中央処理装置
```

------- 制御信号
——— データ

命令制御部は，各制御装置への指示を行う．

命令制御部は，外部装置との接続を制御する（ e ）制御，割込み制御，マルチプロセッサシステムにおけるCPU間通信の制御など，コンピュータシステム全体の制御も行う．割込みには，ハードウェアの障害が検出されたときに発生するマシンチェック割込み，ページフォルトや演算結果がオーバフローしたときに発生する（ f ）割込みなどがある．

演算処理部は，命令制御部が解読した演算命令の演算を行い，演算の途中結果などを保持するための（ g ）を内蔵する．

中央処理装置には，仮想記憶を実現するための（ h ）や，主記憶装置へのアクセスを高速に行うための（ i ）を内蔵する場合が多い．

〔a〜dに関する解答群〕
ア　演算　　　　イ　オペランドアドレス生成
ウ　オペランド読出し　　エ　実行待ち　　　オ　同期
カ　待ち　　　キ　命令読出し　　　ク　割込み

〔e，fに関する解答群〕
ア　外部　　　イ　スーパバイザ　　　ウ　入出力
エ　プログラムチェック　　オ　ページング

〔g〜iに関する解答群〕
ア　アドレス変換機構　　　イ　インタリーブ
ケ　キャッシュメモリ　　　エ　レジスタ　　　オ　チャネル
カ　バッファリング　　　キ　浮動小数点演算機構

## 5.4 補助記憶装置

記憶装置は，プログラムやデータを記憶する装置である．記憶装置は大別して主記憶装置と補助記憶装置に分類できる．中央処理装置（CPU）が処理するために，プログラムの中の命令や処理データを直接取り出せるのは，主記憶装置内に存在するものに対してだけであることは前に述べた．この主記憶装置に入りきれない情報を入れるために補助的に使用する記憶装置が補助記憶装置（auxilliary store equipment）である．今，人間がある数式を解いているとすると，人間の頭脳が主記憶装置であり，メモ帳が補助記憶装置といえる．本節では，代表的な補助記憶装置として，磁気テープ装置，磁気ディスク装置，フレキシブルディスク（フロッピィディスク）装置，光ディスク装置について主に述べる．

### 5.4.1 順編成ファイルと直接編成ファイル

読者の皆さんが何か音楽を聴きたいと思ったとき，カセットテープかCDまたはMDによって聴くのが一般的である．このとき，たとえば，3曲目を聴きたいとき，カセットテープでははじめから聴いていかないと3曲目が出てこない．CDやMDでは3曲目をセットすればよい．この点において，すぐに聴きたい曲を聴けるのがCDやMDで，はじめから検索していかないとわからないのがカセットテープである．

補助記憶装置へのデータの記憶方法にもこの2通りの方法がある．すなわち，ある特定の項目をキーにして，そのキーの昇順あるいは降順にデータを並べ記憶したものを，順編成ファイル（sequential file）という．普通は，特定のキーによって順番にアクセスする．これは，カセットテープの場合と非常に

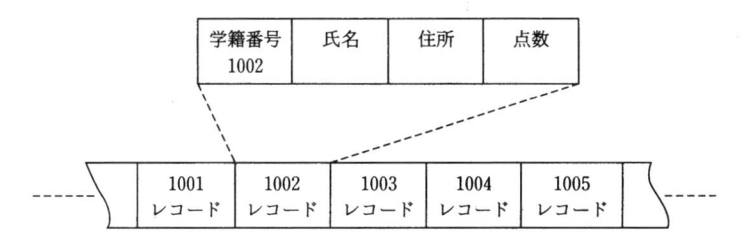

図 5.18 順編成ファイル

よく似ており，途中に追加，削除，変更を施すことが難しい．順編成ファイルの例を図5.18に示す．

これに対して，レコード内の特定のキーを数学的に変換して記憶場所を指定する方法がある．記憶媒体上の記憶場所には無関係に直接アクセスできる．これは，CDやMDの場合と非常によく似ており，直接編成ファイル（direct file）という（図5.19）．直接編成ファイルにおいては，プログラムによりレコードの格納場所を指定する．直接その場所をアクセスするため効率が非常によい．キー変換には，レコードキーをそのまま記憶番地とする直接アドレス方式と，レコードのキー項目を所定の計算式によって，一定の範囲内の記憶番地として割当てる間接アドレス方式がある．たとえば，レコードキーをある除数で割った余りを実際のアドレスとする方法がある．この方法では，記憶場所の使用効率が高くなる．

### 5.4.2 磁気テープ装置

コンピュータに用いられる磁気テープの構造は，基本的にはラジカセのテープと同様である．すなわち，ポリエステルのベースに酸化鉄の粉末（磁性体）が塗布されている．この磁性体を磁化して情報（"0"と"1"）を記録する．磁気テープに限らず磁性体にデータを記録したり，磁性体からデータを読み出したりする原理は図5.20のようになる．まず，書き込みの場合は，磁気ヘッドの巻線に図のような書き込み電流を流すと，図に示すような磁束が生じる．この磁束が先端のヘッドギャップから漏れて漏洩磁束が生ずる．

この漏洩磁束によりテープ上の磁性体が図のように磁化される．この場合を"0"の状態とすると，反対に磁化された場合は"1"の状態となる．読み出しは，図(b)のように磁性体上の微小磁石をある速度で移動させると，ヘッドのギャップを横切る磁束（$\Phi$）が時間（$t$）とともに変化する．この変化（$d\Phi/dt$）に比例した誘起電圧がコイル両端に生ずる．この誘起電圧の極性により"1"か"0"を判定する．

磁気テープの概要を図5.21に示す．磁気テープは図5.22に示すリールに巻かれており，始端と終端には，それを検出するために，アルミ箔の反射マーカがポリエステル面（ベース面）側に張り付けられている．この反射マーカの反射光を検出することにより，始端と終端を検出する．実際上は，始端より4.9

5.4 補助記憶装置 ——— 115

【例】 レコードキー＝21
　　　除数＝9（最大記憶番地＋1）

$$\frac{\text{レコードキー}}{\text{除数}} = 2 \cdots 余り3^*$$

＊したがって，このキーのレコードは
　3番地に格納する．

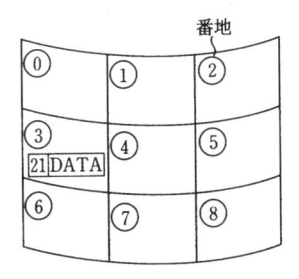

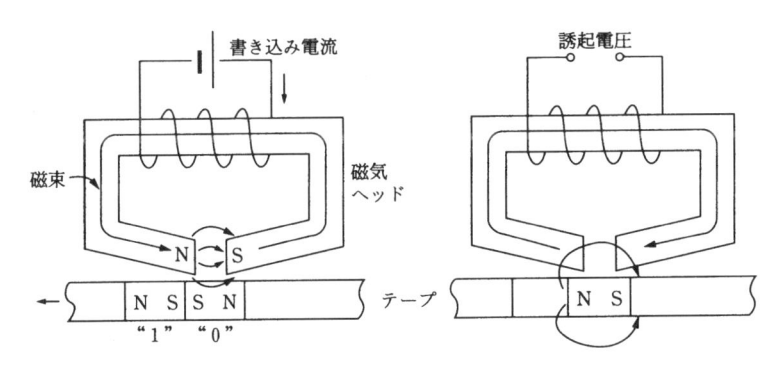

図5.19　直接編成ファイル

(a) 書き込み　　　(b) 読み出し

図5.20　磁気ヘッドによる書き込みと読み出し

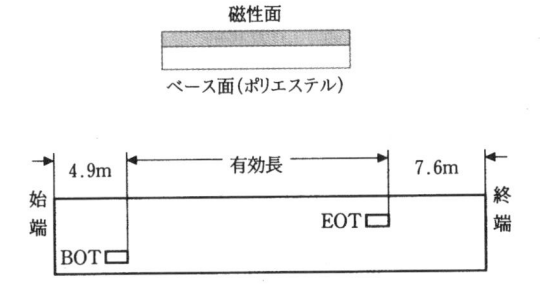

図5.21　磁気テープ

図5.22　磁気テープリール

m，終端より 7.6 m の位置に反射マーカがあり，それぞれ BOT（Beginning of Tape），EOT（End of Tape）という．BOT から EOT の間にデータが記憶され，その間を有効長という．

磁気テープへのデータの記録方法は，先に述べたように磁化の方向により"1"，"0"を書き込むことにより行われる．磁気テープ上には長さ方向にデータを記録するためのトラック（track）がある．7 トラックのものと 9 トラックのものの 2 種類があり，一般には 9 トラックのものが用いられている．記録密度は，このトラック上で 1 インチ当たり何ビット記録できるかにより表される．この単位として BPI（Bit Per Inch）を用いる．1 インチは約 25.4 mm である．普通は次のようなものがある．たとえば，"JAPAN" という文字を記録するとき，そのコードが EBCDIC コードで表されているとすると図 5.23 のようになる．$b_n$ は各ビット番号を示す．$b_p$ は垂直方向のパリティビットで奇数パリティとなっている．

磁気テープの読み出しや書き込みは，レコード（record）をいくつか集めたブロック（block）を単位として行われる．このブロックとブロックの間に全くデータが記録されない部分がある．この部分をブロック間隔（IBG：Inter Block Gap）という．1 レコードごとに IBG があるものを非ブロック化といい，複数レコードで 1 つのブロックを形成する場合をブロック化という．1 ブロックの中にあるレコードの数をブロック化係数（BF：Blocking Factor）という．磁気テープへのデータの読み書きはブロックを単位として行われる．

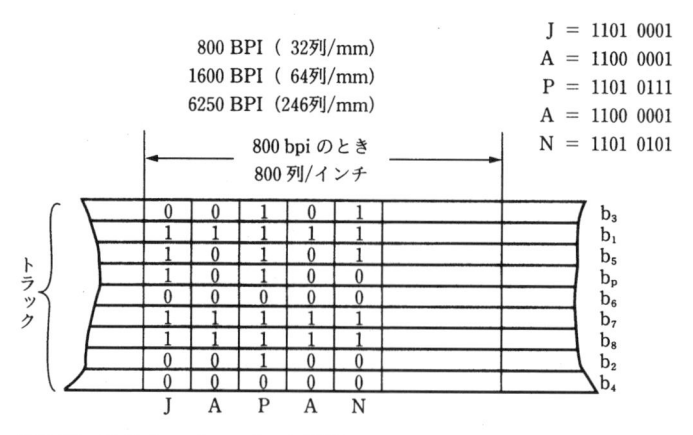

800 BPI（ 32列/mm）
1600 BPI（ 64列/mm）
6250 BPI（246列/mm）

J = 1101 0001
A = 1100 0001
P = 1101 0111
A = 1100 0001
N = 1101 0101

図 5.23　磁気テープへのデータ記録

5.4 補助記憶装置 ——117

高速で動いているテープがIBGで一時停止をし，再び起動して次のブロックを読む．各ブロックのトラックごとに，水平方向にもパリティチェックがなされる．図5.24にブロック化について示し，図5.25に磁気テープの起動・停止について示す．

　以上述べてきた磁気テープを駆動するために，図5.26のような装置がある．図に示すように，テープを送り出す供給リールと巻取りリールがある．その間に読み取りヘッドと書き込みヘッドが一体化した読み書きヘッドがある．ま

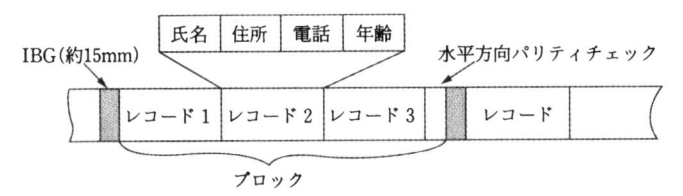

図5.24　磁気テープのブロック化

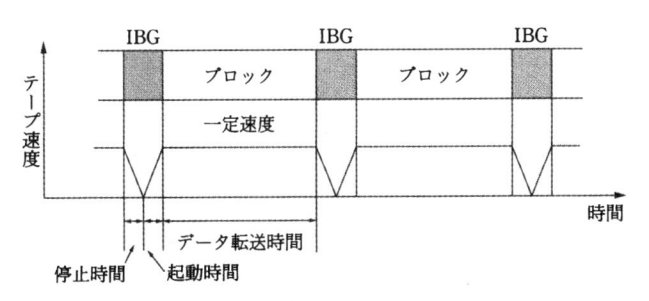

図5.25　磁気テープの起動・停止

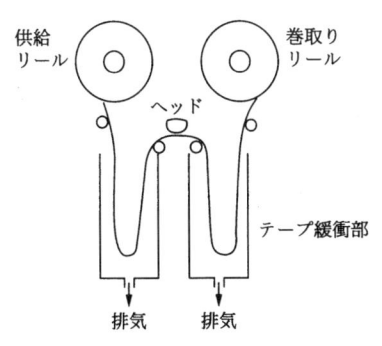

図5.26　磁気テープ装置

た，テープは，時速十数キロメートルの速さで駆動し，わずか十数ミリメートルのIBGで起動・停止を行う必要がある．このため，テープに大きなテンション（tension）がかからないように，テープ緩衝部がある．この部所で空気を吸引し，テープを一定長たるませておく．テープを停止させるときヘッド部でそのテープを止める．そのとき，供給リール側のテープが緩衝部でさらにたるみ，巻取り側のテープのたるみが少なくなる．テープリールの裏側には，書き込み許可リングがあり，これがはめ込まれていると，そのテープにデータを書き込むことができる．リングをはずしておくと書き込みができず，テープ上に記録されたデータを保護することができる．

**問題 5.5** 1レコード 512 バイトのデータが 40,000 件ある．このデータをテープの有効長 720 m，記録密度 800 BPI（32列／mm）で記録するとき，ブロック化係数（BF）はいくらになるか．ただし IBG は 15 mm とせよ．

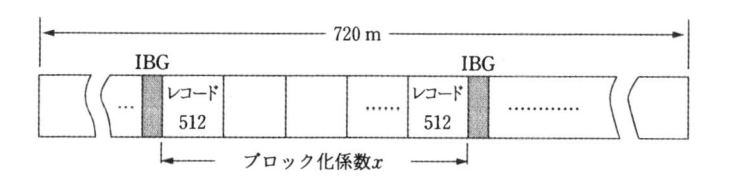

**問題 5.6** 下表に示す仕様の磁気テープ装置がある．この装置のデータ転送速度はおおよそいくらか．また，有効長 720 m の磁気テープに，レコ

| 記録密度 | 64列／mm |
|---|---|
| トラック数 | 9 |
| IBG | 15 mm |
| テープ速度 | 5 m／秒 |
| 起動・停止時間 | 3 ミリ秒 |

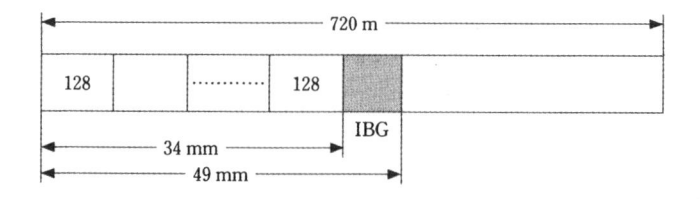

ード長128バイト，ブロック化係数17で記録してあるとき，何万件のデータを記録できるか．さらに，この装置でそのデータを読み取るのにおおよそ何秒かかるか．

### 5.4.3　磁気ディスク装置

　磁気ディスク（magnetic disk）装置は，直径が約36 cmの金属円盤の両面に酸化鉄を塗布したものを何枚か重ね，一定方向に高速回転させて，データを読み書きするものである．各円盤の記録面には，リードライト（読み書き）ヘッドが1個ずつ付いている．記録面には，磁気テープと同様に同心円状にトラックが数百本もある．各トラックにはそのトラックの始端を示すインデックスマーカーやレコード件数，さらにトラック内の残余バイト数などが示され，その後に物理レコードがある．この様子を図5.27に示す．図では，815本のトラックがある場合が示されている．最外周トラックも最内周トラックもすべて同じバイト数記録可能である．磁気ディスクにおいても，レコードがブロック化されている場合と非ブロック化の場合がある．

　図5.28に磁気ディスク装置の概要を示す．図中の上部の円盤状のディスクは，図5.27の内容を簡単に示したものである．一例としてこれらのディスクが11枚1組として積み重ねた形を示す．最下段と最上段のディスクの外側面は情報の記録ができない．すなわち，読み書きできる面が$11 \times 2 - 2 = 20$面あり，各面にヘッドが付いている．各ディスク面のヘッドは同じ位置のトラッ

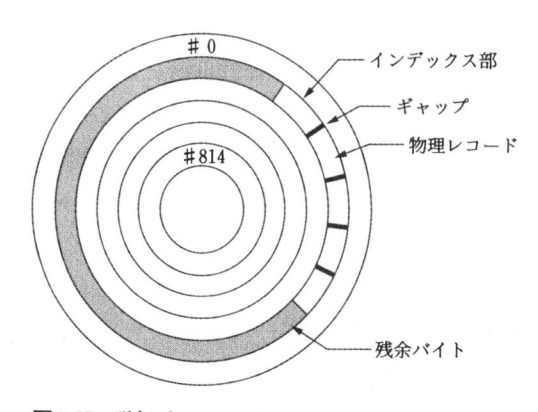

図5.27　磁気ディスクのトラック

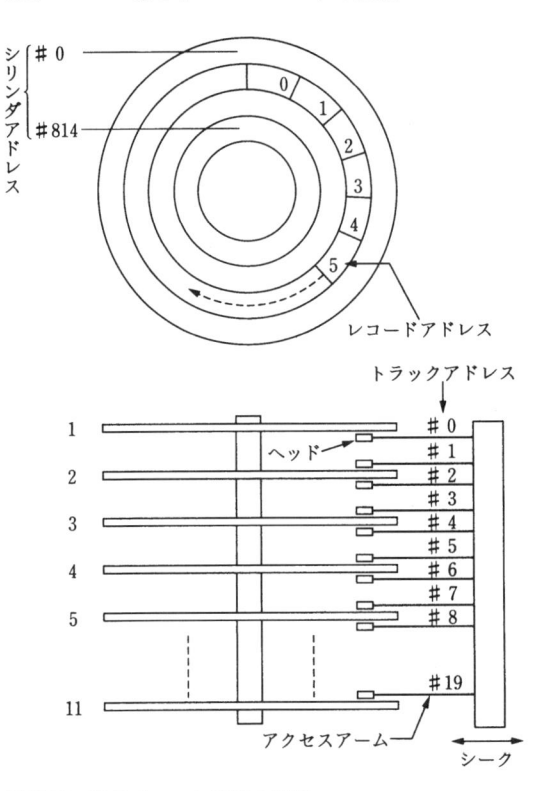

図 5.28 磁気ディスク装置の概要

ク上にある．ヘッドの移動はアクセスアーム（access arm）を移動することで，すべてのヘッドが同じ位置のトラック上に移動する．このように各ヘッドが同時にアクセスできるトラックの集まりをシリンダ（cylinder）という．図の例ではシリンダが#0から#814で815個ある．また，各ヘッドがアクセスできるディスク面にも番号が付いており，この図では，#0から#19まである．これをトラック番号という．すなわち，磁気ディスク装置のアドレスは

  1 シリンダアドレス
  2 トラックアドレス
  3 レコードアドレス

により確定される．

 磁気ディスク装置にシリンダアドレスを与えると，アクセスアームが該当す

るシリンダ上に移動する．これをシーク（seek）といい，これに必要な時間をシーク時間という．すぐ隣りのシリンダに移動するときは最も短い時間（約 10 ms）で済み，最外周シリンダから最内周シリンダに移動するには，最も長い時間（約 55 ms）かかる．平均で 30 ms 程度である．これを平均シーク時間という．次にトラックアドレスによって，そのシリンダ内の該当するトラックを選択する．この時間は，ほとんど無視できる．その後レコードアドレスによって，読み書きしたいレコードがヘッドの下に回転しているまで待っていなければならない．これを回転待ち時間（search time）という．回転速度が 3600 回転／分の装置があると，60 回転／秒となり，1 回転当たり 16.6 ms かかっていることになる．この時，平均回転待ち時間が約 $16.6/2 = 8.3$ ms となる．磁気ディスクのアクセス時間は，このような時間を加えたものにデータ転送時間（transfer time）を加えたものである．データ転送時間は，データ転送が開始されてから終了するまでの時間で次式で示される．

　　　転送時間＝転送するバイト数／転送速度　　　　　　　　　(5.1)

平均アクセス時間は

　　　平均アクセス時間＝平均シーク時間＋平均回転待ち時間
　　　　　　　　　　　＋データ転送時間　　　　　　　　　　(5.2)

となる．これらの時間の関係を図示すると，図 5.29 のようになる．

　パソコンやワークステーション（WS）などの小型のコンピュータと，ハードディスクや後で述べる光ディスク装置を接続する規格として SCSI（small computer system interface）がある．最大 7 台までの機器を接続することができ，データ転送速度は 5 MB／秒であったが，最近では 100 MB／秒を越えるものが発売されている．

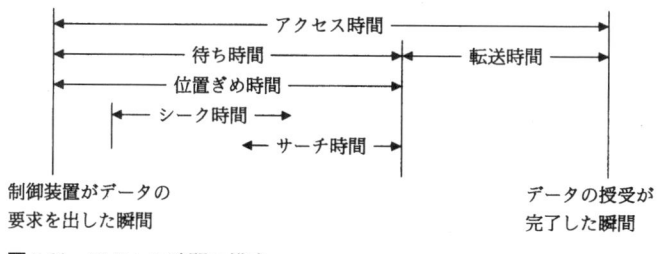

図 5.29　アクセス時間の構成

磁気ディスクは，装置に固定された固定ディスク形と交換可能なディスクパック（disk pack）形のものがある．装置に着脱が可能な記録媒体の管理上の単位をボリューム（volume）という．磁気テープ１巻，磁気ディスクパック１つがこれに相当する．

**問題 5.7** 次の表に示す性能を有する磁気ディスク装置がある．磁気ディスク領域の１トラックのデータを読み込み，主記憶装置に転送し終わるまでに要するアクセス時間は何ミリ秒か．

| | |
|---|---|
| 主記憶装置と磁気ディスク間の秒当たりの転送容量 | 20 M バイト |
| 平均シーク時間（平均位置決め時間） | 10 ミリ秒 |
| 平均サーチ時間（平均回転待ち時間） | 8 ミリ秒 |
| １トラック当たりの容量 | 200 k バイト |

### 5.4.4 フレキシィブルディスク装置

　フレキシィブルディスク（flexible disk）は一般にフロッピーディスク（floppy disk）とか単にディスケット（diskette），またはFDとも呼ばれている．これは，1970年代にIBM社が最初に開発したもので，現在はパーソナルコンピュータやワークステーションなどのデータ記録に用いられている．汎用コンピュータに対してもデータエントリー用として用いられる．その特長としては，交換可能で極薄・軽量，かつ，保管や取り扱いが容易である．さらに，

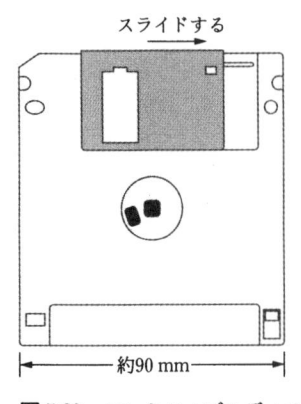

図 5.30　フレキシィブルディスクの概要　　図 5.31　フレキシィブルディスク

1枚数十円程度と安価である等の点が挙げられる．

　ディスクはマイラシートの円盤の表面に酸化第二鉄が塗布され，両面記録ができる．大きさとしては，3.5インチ（約9 cm）のものが市販されている．以前は5.25インチのものもあった．それらディスクが図5.30に示すような構造になっている．図5.31にその写真を示す．アクセス時には中のディスクのみが高速回転（360回転／分程度）する．データを読み書きするときにヘッドがディスク面に接するので，数百回以上駆動すると摩耗により使用不可となる場合があるので，その前に新しいディスクにコピーしておく必要がある．

　フレキシィブルディスクの面は図5.32に示すように外周から内周に向かってデータを書くトラックがある．たとえば，1面に80トラックがあると，両面の場合では80×2＝160トラックあることになる．これらのトラックは中心から放射状に分割されており，その分割されたものをセクタ（sector）と呼びセクタ番号が付いている．1セクタの記憶容量は256バイトと512バイトのものがある．図の場合はセクタ／トラックが16分割された場合である．

　表5.3にフレキシィブルディスク装置の仕様の例を示す．

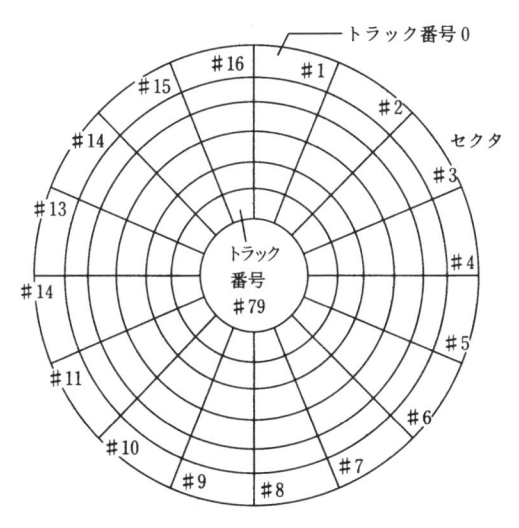

図5.32　フレキシィブルディスクのトラックとセクタ

表5.3　フレキシィブルディスク装置の仕様例

| 項　目 | 数　値 |
|---|---|
| 記憶容量 | 1.4 M バイト |
| データ転送速度 | 62 K バイト／秒 |
| トラック数 | 80×2 |
| 回転速度 | 360 回転／分 |
| 平均回転待ち時間 | 83 ミリ秒 |
| 平均シーク時間 | 114 ミリ秒 |

**問題 5.8**　フロッピーディスクを，次の表に示すような仕様で両面をフォーマットした．このフロッピーディスクの記憶容量は約何 M バイトか．

フォーマットの仕様

| トラック数／面 | 80 トラック |
|---|---|
| セクタ数／トラック | 9 セクタ |
| セクタ長（バイト） | 512 バイト |

### 5.4.5　光ディスク

　光ディスクとは，円盤状の薄いプラスチック，ガラス，アルミ等の基盤上に，ピットといわれる凹凸の列がミクロンオーダで記録され，レーザ光等でそれを検出することによりデータを読み取るものである．音楽用のコンパクトディスク（CD），DVD，さらに光と磁気を応用する光磁気ディスク（MO：Magnetic Optical disk）も光ディスク（optical disk）の一種である．光ディスクの特徴として以下の3つが挙げられる．
　① 非接触で記録再生が可能．
　② 再生専用から書換え用まであり，多様なニーズに応えられる．
　③ 面内記録方式でありアクセスが容易，かつ，媒体が安価．
　(1)　コンパクトディスク
　直径約 120 mm くらいのプラスチックの円盤上に，$10^6$ ビット／$mm^2$ を越える高密度の記録が可能である．磁気ディスク等に比較して数百倍高密度である．単に記録してあるものを読み取るだけの読取り専用のものは CD-ROM（Compact Disk Read-Only Memory）といわれ，640 MB のものがポピュラ

(a) CD-ROM　　　　　　(b) CD-ROM 装置

図 5.33　CD-ROM と CD-ROM 装置

一である．また，データを 1 度だけ書き込める CD-R (Recordable)，繰り返し書き込める CD-RW (ReWritable) 等がある．図 5.33 に CD-ROM の写真を示す．CD-R は，データ記録面に有機色素が塗布されており，レーザ光を照射させてピット列を形成する．これは，CD-ROM ドライブで読むことができる．これに対して，データの消去や書き換えを繰り返して使用できるのが CD-RW である．これは，1996 年にソニーや米国のヒューレットパッカード，フィリップス，リコー，三菱化学などが共同で開発したものである．普通の CD-ROM 装置では読むことができない．

(2) 光磁気ディスク

CD とともにパソコン等の主な補助記憶装置であり，データの読み書きにレーザ光と磁場を用いる．ディスク表面に塗布された磁気薄膜があらかじめ磁化されており，そこにレーザー光を照射し磁化の方向を変えることによりデータを記録する．データの読み取りは，書き込みとは逆にディスク表面の磁気薄膜にレーザを照射し，反射光の偏光の方向を検知することにより行う．データの読み書きがフロッピーディスクと同じように行うことができ，230 MB，640 MB 等と大量のデータを記録させることが可能である．厚さを除いて大きさは 3.5 インチ FD と同じである．

(3) DVD

単なるデータのみならず，音声や動画までもデジタルで記録できるもので，digital versatile disk の頭文字をとり DVD と呼ばれている．一方では digital video disk の略であるとする説もある．DVD は直径 12 cm で CD-ROM と同じ大きさであり，CD-ROM にとって代るものとして，松下，東芝，ソニーな

(a) MO　　　　　　　　(b) DVD

図 5.34　MO と DVD

どにより開発された．記録としては，4.7 GB，9.4 GB，17 GB などがある．DVD にも DVD-ROM，追記型の DVD-R，書き換え可能な DVD-RAM がある．また，各社から様々な規格のものが発売されている．

図 5.34 に MO と DVD の写真を示す．

### 5.4.6　記憶階層

コンピュータの情報を記憶するものとして種々の装置が存在する．それらは，アクセス時間が短ければ容量が小さいという一長一短がある．記憶装置の条件として次の事項が挙げられるが，これらの項目すべてを満足するものはない．

① 大容量
② 高速アクセス
③ 価格／ビットが小さい
④ 信頼性が高い

CPU からすれば，自分の処理速度と同等のアクセス時間を持つものがあれば，それを主記憶装置に使用するとき CPU の使用効率が最も高くなる．しかしながら，そのように高速なものはまだ存在しない．また，CPU が 1 回の処理に必要なのはわずかな記憶ビットだけである．このため主記憶装置のアクセス時間を高速化させるために，図 5.35 のように CPU と主記憶装置の間にキャッシュメモリ（cache memory）を設けている．このようにして，演算等に直接利用するデータを，主記憶より高速で容量の小さいキャッシュメモリに入力しておけば，より高速な処理が可能となる．キャッシュメモリとしてはバイポ

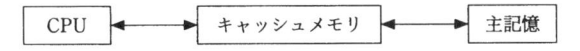

図5.35 キャッシュメモリの位置

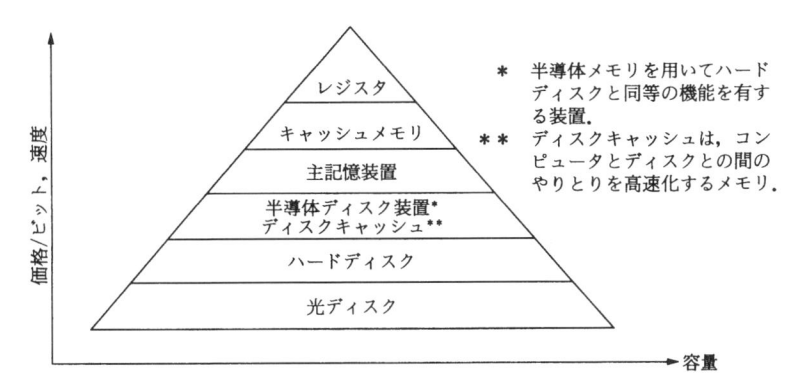

図5.36 記憶階層

*　半導体メモリを用いてハードディスクと同等の機能を有する装置.
**　ディスクキャッシュは, コンピュータとディスクとの間のやりとりを高速化するメモリ.

ーラ型スタティック RAM が用いられている．

　また，主記憶装置に入りきれないプログラムやデータは補助記憶装置に入れておき，必要なときに主記憶に持ってくればよい．これらの概要を図5.36に示すように階層構造にして示す．これを記憶階層という．横軸が記憶容量であり，縦軸が価格／ビットとアクセスの速度である．

　仮想記憶（virtual storage）という言葉が頻繁に使用される．主記憶装置は一般に高価であり，その容量には限りがある．しかしながら，この仮想記憶とは，補助記憶までも主記憶と同様に CPU 記憶空間であるかのように振る舞うことができる．すなわち，アドレス空間が主記憶のアドレス空間より大きい．これにより，プログラムの作成や運用を効率よく行えるようになった．仮想記憶に用いる補助記憶装置としては，磁気ディスク装置が一般に用いられる．

## 演習問題 II

**5.3**　磁気ディスク装置の記憶容量に関する次の記述を読み，設問中の（　　）に入れるべき適当な数値を解答群の中から選べ．
　　1レコード200バイトのレコード10万件を順編成で格納したい．

磁気ディスク装置Aの諸元は次の通りである．
(1) シリンダ当たりのトラック数：19トラック
(2) トラック当たりの最大記憶容量：13,000バイト
(3) ブロック間隔：130バイト
(4) 1つのブロックを複数のトラックにまたがって記録することはできない．

磁気ディスク装置Bはセクタ記録方式で，諸元は次の通りである．
(1) シリンダ当たりのトラック数：19トラック
(2) トラック当たりのセクタ数：40セクタ
(3) セクタ長：256バイト
(4) 1つのブロックは複数のセクタにまたがってもよいが，ブロック長が256の倍数でないとき，最後のセクタで余った部分は利用されない（フレキシブルディスクと同じ記録方式と考えてよい）．

〔設問〕
(1) 1レコード／1ブロックで全レコードを記録するとき，Aは（ a ）シリンダ，Bは（ b ）シリンダ必要である．
(2) 10レコード／1ブロックで全レコードを記録するとき，Aは（ c ）シリンダ，Bは（ d ）シリンダ必要である．

〔解答群〕
ア 81　　イ 88　　ウ 94　　エ 100　　オ 106
カ 129　　キ 132　　ク 135　　ケ 172　　コ 175

5.4 磁気ディスク装置に関する次の記述中の（　）に入れるべき適切な字句を求めよ．

　表のような仕様の磁気ディスク装置に格納されているファイルを，トランザクションデータで更新する処理がある．

磁気ディスク装置の仕様

| 項　　目 | 使　　用 |
|---|---|
| 平均シーク時間 | 30ミリ秒 |
| 回転速度 | 3000回転／分 |

　トランザクションデータ1件当たりの処理時間（$X$）は，次のようになる．

$X=$ 参照時間+更新時間

ここで参照時間は,

　　　平均シーク時間+平均回転待ち時間+データ転送時間

である．

　また，参照から更新までの間にディスクヘッドの移動がないとすると，更新時間は

　　　平均回転待ち時間+データ転送時間

である（なお，このトランザクションデータ1件当たりのデータ転送時間は，5ミリ秒とする）．

　ディスクの1回転時間が（ a ）ミリ秒であるから，平均回転待ち時間は（ b ）ミリ秒となり，参照時間は（ c ）ミリ秒，更新時間は（ d ）ミリ秒，$X$ は（ e ）ミリ秒となる．

　1,000件のトランザクションデータを処理するための処理時間は，（ f ）秒である．

　この仕様の磁気ディスク装置から，回転速度が2倍，平均シーク時間は30ミリ秒の磁気ディスク装置に替えた場合，$X$ は（ g ）ミリ秒であり，1,000件のトランザクションデータを処理するための処理時間は，（ h ）秒である（なお，データ転送速度は回転速度に比例するものとする）．

## 5.5　入出力装置

　入出力装置は，コンピュータと人間を結びつけるインタフェース（interface）的な役割を果すものである．たとえば，我々がある処理をコンピュータに行わせるとき，プログラムとデータをコンピュータに与えてやらなければならない．このとき，人間の理解できるプログラムやデータをコンピュータの理解できる機械語（machine language）に変換してコンピュータに入力してやる必要がある．この役割を果すのが入力装置である．これに対して，コンピュータで処理した結果（2進コードで表現されている）を人間の理解できる形に変換して出力するのが出力装置である．入力機能と出力機能を1台の装置で同時に持っているものを入出力装置（input output device）と呼んでいる．

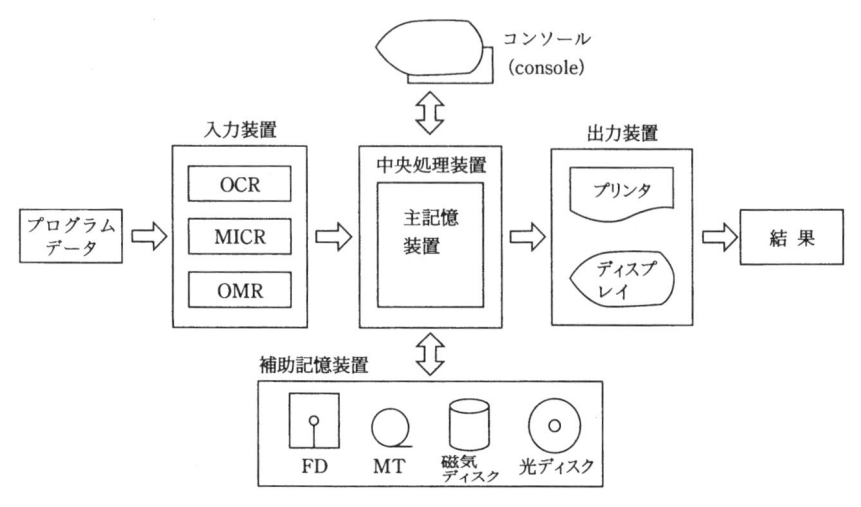

図5.37 中央処理装置と周辺装置との関係

　入力装置，出力装置，補助記憶装置を中央処理装置と区別するために，周辺装置（peripheral equipment）という．また，通信回線を介してコンピュータとデータのやりとりを行う装置があるが，これを特に端末装置（terminal equipment）と呼んでいる．

　周辺装置と中央処理装置の関係を図5.37に示す．以下に代表的な装置の概要について述べる．最近では，入力はキーボードより直接行うことが多くなっている．

### 5.5.1 光学文字読み取り装置

　光学文字読み取り装置（Optical Character Reader）はOCRとも呼ばれ，手書き文字や活字を光学的に読み取る装置である．その原理としては，読み取り文字に光を照射し，その反射光を検出し文字を認識するものである．これにはパターン認識（pattern recognition）の技術が必要で，各社よりさまざまな方式が発表されている．パターン認識は，誤認識の全くない100％信頼性のある方式はいまだ確立されておらず，文字にはかなり制限が加えられている．それらの文字はJISにより規定（JIS C6250〜C6257）されている．入力文字は特別のシート（OCRシート）に書くのが普通である．そのシートは使用する企業などにより設計されている．

OCRにより読み取られた文字は，オンライン（on line）により直接コンピュータに入力される場合と，1度フロッピーディスク等の補助記憶装置の各種の媒体に記録し，その媒体を中央処理装置に入力する場合とがある．いずれにせよ，どこででも入力媒体を作成することができ手軽である．

また，パソコン等への絵や写真，図などの入力装置としてイメージスキャナ（image scanner）がある．これは複写機でコピーをとるのと同じ原理である．このイメージスキャナで取り込まれた画像イメージの中から文字を認識して，文字コードに変換するOCRソフトもある．

### 5.5.2 印字装置

コンピュータでの処理結果を，人間が理解できる形にして出力するのが出力装置である．その代表的なものに印字装置（printer）がある．印字装置は紙上にその結果を出力するので保存しておくことができる．これをハードコピー（hard copy）という．これに対して，テレビ画面上に出力した結果は表示されたのみであり，ソフトコピー（soft copy）という．最近では，必要最小限の情報のみをハードコピーしておき，他のデータはなるべくフロッピーディスクや磁気ディスク，CD-R, MO, DVD, USBメモリに保存しておく傾向にある．コンピュータに用いられる印字装置には，動作方式や印字方式により分類すると以下に示すようなものがある．ノンインパクトプリンタ（non-impact printer）は，印字時に一般のタイプライタのような機械的衝撃がないプリンタである．これに対してインパクトプリンタ（impact printer）は，紙に対して活字体を打ちつけたり，叩いたりして印字するため，騒音が大きく事務所内で不向きである．しかしながら，複写ができることやコストが安く信頼性が高い等の長所から多用されたが，最近ではレーザプリンタ等のノンインパクトタイプがほとんどである．

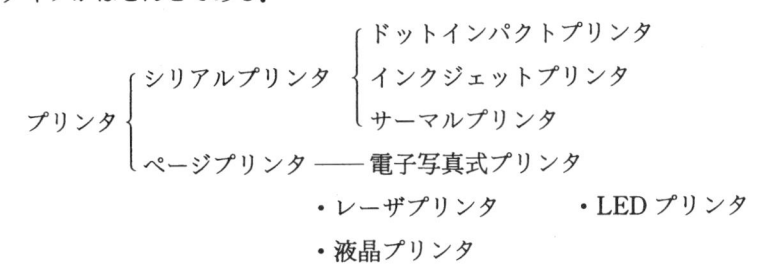

```
                    ┌ドットインパクトプリンタ
        ┌シリアルプリンタ ┤インクジェットプリンタ
プリンタ ┤           └サーマルプリンタ
        └ページプリンタ ── 電子写真式プリンタ
            ・レーザプリンタ      ・LEDプリンタ
            ・液晶プリンタ
```

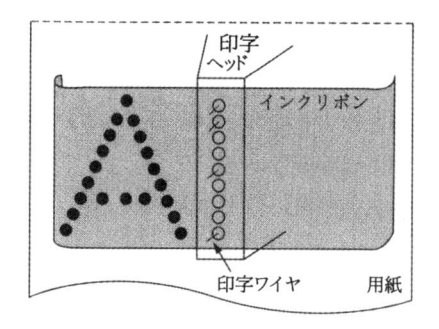

図 5.38 ドットプリンタの印字方式

　シリアルプリンタ（serial printer）は，1文字1文字を左から右へ，または右から左へ印字していく装置であり，電動タイプライタと非常によく似ている．シリアルプリンタの中でよく使用されたものがドットインパクトプリンタ（dot impact printer）である．これは，図5.38に示すように印字ヘッドからドットマトリクス状に超硬合金のワイヤが飛び出し，インクリボンを叩くことにより文字のドットパターンが用紙に印刷される．最近，ワードプロセッサ（word processor）の普及にともない，高解像度の印刷が要求され，1200 dpi（dot per inch，1インチあたりのドット数）のものが多用されるようになり，ドットインパクトプリンタはほとんど用いられなくなった．現在主流となっているものはノンインパクトタイプである．
　ノンインパクトタイプのシリアルプリンタとしてインクジェット型とサーマル型がある．パソコンとこれらのプリンタを接続するインタフェースの規格の1つにセントロニクス（centronics）がある．8ビットのパラレル伝送を行い，150～200 KB/秒程度の速度である．
　インクジェットプリンタはインク粒子をノズルから噴射して紙上に字形を形成するものである．この方式のプリンタは普通紙に高速に文字や図形を出力することができ，平坦でない所にでも印刷が可能であり，カラー出力が可能である．サーマルプリンタ（thermal printer）は発熱するヘッドによりインクを用紙に溶融・転写してドットマトリクス状の文字の印刷を行うものである．このタイプは比較的安価である．ページプリンタ（page printer）は，1文字を単位として印字するのではなく，ページ単位に出力していく装置である．この

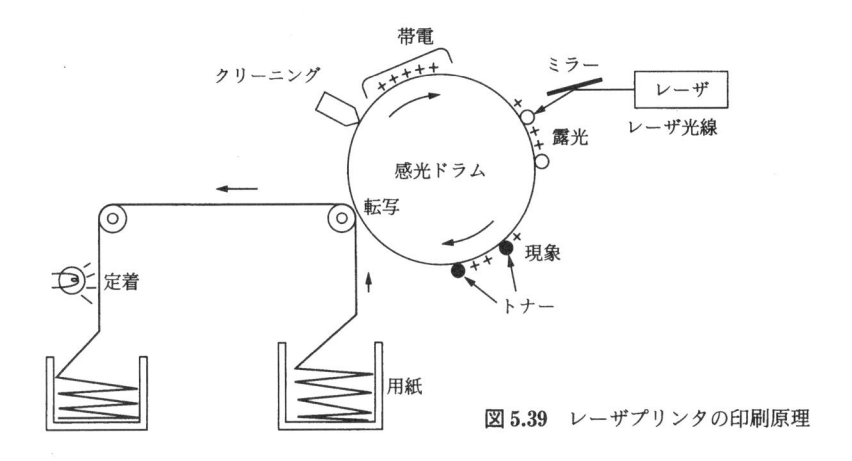

図5.39 レーザプリンタの印刷原理

ため，非常に高速印字が可能であり，数百ページ／分以上の能力がある．ページプリンタは電子写真方式を採用している．電子写真式プリンタの中で最も代表的なものはレーザプリンタ（laser printer）である．この装置の原理としては，帯電した感光ドラム上にレーザ光線を照射し文字の潜像を形成（露光）し，その文字潜像部にトナーを付着（現象）させる．その後，ドラムとプリンタ用紙とを接触させて転写する．転写後，ドラムをクリーニングする．この動作を連続して行う．用紙に転写されたトナーは，ランプを用いて熱的に定着される．以上述べた印刷原理を図5.39に示す．このレーザ光の代わりに発光ダイオードを（LED）を用いるのがLEDプリンタであり，液晶シャッターを利用するのが液晶プリンタである．80％以上がインクジェット式である．

## 5.5.3 ディスプレイ装置

ディスプレイ装置はコンピュータの最も代表的な出力装置であり，出力結果を人間に対して視覚としてとらえさせてくれる．その代表的なものが液晶ディスプレイである．その他ブラウン管を用いたCRT（Cathode Ray Tube）ディスプレイ装置もあった．

図5.40にCRTディスプレイ装置の概要を示す．CRT（ブラウン管）は，電子線を発射する電子銃と，電子線が照射されることにより発光する蛍光体を塗布した蛍光面から構成されている．その中は電子線がスムーズに蛍光面に到達するように高真空になっている．画面はかなり小さなドット（dot）から構

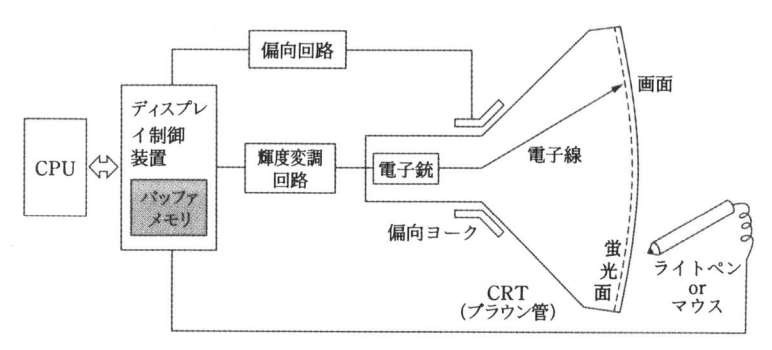

図5.40 CRTディスプレイ装置

成されており，これらの微小なドットが発光することにより文字や図形が表示される．画面表示は，まず，CPUからの信号によりディスプレイ制御装置内のバッファメモリに表示用情報が書き込まれることから始まる．それらの情報が偏向回路や輝度変調回路を経由してCRTに加えられることにより出力データ（文字や図形）が画面上に表示される．表示された画面は蛍光表示であるためにすぐに消えてしまうので1秒間に数十回表示する必要がある．これをリフレッシュ（refresh）という．人間はこの画面を見ることにより，継続してその画面が映し出されているかのように見える．

　これらのディスプレイ装置は，キーボードやマウス（mouse）等のポインティングデバイス（pointing device）とともに用いられることが多い．これにより，コンピュータと画面を通して会話しながら情報の入出力ができる．ポインティングデバイスとは，CRT上に表示されたある特定の場所（座標）を指すことにより，その情報がコンピュータに入力されるものである．これには他にタブレットやライトペン等がある．ライトペンは，画面上のある点を指すことにより，その座標の光がペンに入力されて，その位置がCPUに理解されるものである．

　タブレット（tablet）は，平面上に描かれた図形を読み取る装置である．XとY軸を定め，カーソルを順次移動して図形の座標位置を入力していくものである．マウスは，パーソナルコンピュータに多用されており，画面上のカーソルを移動させ，所定の位置にカーソルが来たときにマウスのボタンを押すことにより，その位置の情報がコンピュータに入力されるものである．この他にホビー用に多用されているジョイスティックがある．これは，棒（スティッ

(a) タブレット　　　　　(b) マウス　　　(c) ジョイスティック

図5.41　タブレット，マウス，ジョイスティック

ク）を倒すことによりその棒の倒れた方向と角度をコンピュータに入力するものである．これらはいずれも画面を見ながら操作するものである．図5.41にこれらの写真を示す．

CRTディスプレイと同様に液晶ディスプレイ（liquid crystal display）も用いられている．液晶ディスプレイは，液晶という液体分子が電界などの印加により幾何学的配列を取りやすく，その配列により光を遮断したり偏光したりすることにより文字や図形を表示する．CRTディスプレイに比較して，薄く消費電力が小さいという利点がある．液晶ディスプレイの方式として，STN（super twisted nematic）とTFT（thin film transistor）がある．前者は安価であるが斜め方向から見にくいなどの視角依存性がある．この欠点を補ったものにDSTN（dual-scan STN）もある．

これらのディスプレイやプリンタ等の出力データのきめ細かさや滑らかさを表す指標として解像度（resolution）がある．このとき，最小の表示の点をドット（dot）という．パソコンでは640×480ドットに画面が区切られているのが基本である．これをWindowsではVGA（video graphics array）という．これより高密度になるとSVGA（super VGA），XGA（extended graphics array）という．XGAでは1024×768ドットである．これらの画面のデータを保持しておくメモリをVRAM（video RAM）という．

VRAMにおいては，画面に表示されている色の三原色である赤（Red），緑（Green），青（Blue）の光の強さの情報も記録される．たとえば，1678万色の表示ができるとカタログに書いている場合は，赤・緑・青のそれぞれの強さ

を 256 段階に制御すると

$$16777216 = 256 \times 256 \times 256$$

となる．各色の情報は 8 ビット（256）で表すことが必要になる．すなわち，1 ドットに対して 8 ビット×3＝24 ビット（3 バイト）必要となる．1024×768 ドットの XGA の画面では，

$$3 \times 1024 \times 768 \fallingdotseq 2.4 \text{ MB}$$

の VRAM が必要となる．

**問題 5.9** 1 画面が 1024×768 ドットで表示されているカラーディスプレイがある．1 ドットについて色情報が 3 バイトで表されるとき，2 画面の情報量は何 M バイトになるか．

### 5.5.4 磁気インク文字読み取り装置

磁性材料を含んだ磁気インクで印刷された磁気インク文字を読み取る装置である．これを略して MICR（Magnetic Ink Character Reader）という．

これは主に銀行業務に用いられ，小切手や手形を読み取り分類したりするときに使われた．標準的なものとして図 5.42 に示すように，2 種類のものが用いられていた．(a)はアメリカと日本で用いられ，(b)はヨーロッパで用いられていたものである．最近では，コスト面からほとんど用いられなくなってきている．

### 5.5.5 XY プロッタ

XY プロッタ（plotter）は，コンピュータで処理された結果を図形として紙面上に描く装置である．計算結果などをグラフにして表し，人間に認識させるものである．X 方向（X 軸）と Y 方向（Y 軸）に動く軸があり，軸にはペンが付いている．このペンを上下させる（Z 軸）ことにより図形を描くか描かないかが決まる．ペンの速度は 10 mm／秒程度である．図 5.43 に XY プロッタの写真を示す．

### 5.5.6 POS 端末

POS（Point of Sales）端末は，スーパーやデパート等の商店で商品を販売

5.5 入出力装置 ——— 137

(a)

(b)

図 5.42　MICR 用文字列

図 5.43　XY プロッタ

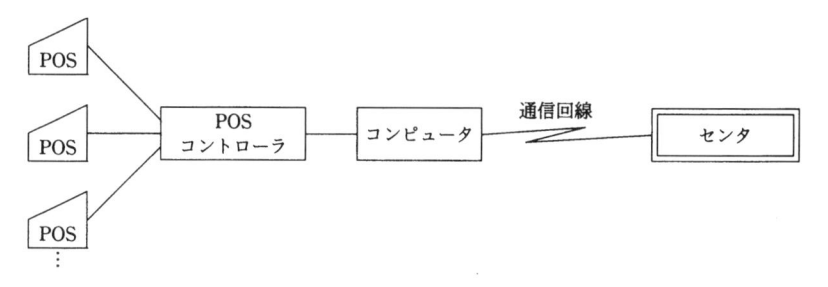

図 5.44　POS システム

したときに，その商品の情報（品名，単価，数量，販売店等）を収集しコンピュータに処理させるための装置である．簡単にいえば，スーパーやデパートのキャッシュレジスタに情報収集能力が付加されたものと考えればよい．POS 端末へのデータ入力は，磁気カード，OCR，キーボード，バーコードリーダー等がある．図 5.44 に POS システムの概要を示す．

現在POS端末への入力方法として主流になりつつあるのがバーコードリーダである．これは，図5.45に示すような，商品についているバーコード（bar code）を光学的に読み取るものである．バーコードには国名，メーカ，品名等がバーコードで符号化されている．日本の国番号は49であり，アメリカは1である．

### 5.5.7 音声応答装置

以上，種々の媒体（medium）を用いてコンピュータに情報を入力する装置について述べてきた．しかしながら，音声によりコンピュータにデータを入力したり，指令を出したりすることが可能ならば非常に便利である．出力も音声の場合が都合のよいときもある．最近，これら音声入力装置や音声の出力を行う音声合成装置が実用化されつつある．これらの装置を音声応答装置（audio response unit）という．音声応答装置の開発により，各種問い合せに対して機械が応答し無人化が図れる．これにより，電話でコンピュータが応答することができる．コンピュータと音声応答装置との関係を図5.46に示す．今後は，コンピュータへの入力はほとんど音声入力に変わるものと思われる．

**問題5.10** 次の各単位の意味を調べ述べよ．すべてコンピュータ関連の単位である．ppmは濃度を示すものではない．
　　ア　bps　　イ　cps　　ウ　dpi　　エ　ppm

## 5.6 チャネル

入出力装置の動作はミリ秒（$10^{-3}$秒）単位で行われるものが多い．CPUの動作速度は少なくともマイクロ秒（$10^{-6}$秒）以下である．そのため入出力装置とCPUでは動作速度が10,000倍以上も違うことになる．これらの装置を直接接続するとCPUに大きな時間的損失が生じる．この損失を少なくするために，制御装置が入出力装置を直接制御するのではなく，制御装置に代って入出力装置の制御を行う装置を設けるとよい．この装置がチャネル（channel）装置である．制御を行うプログラムをチャネル・プログラム（channel program）と呼ぶ．チャネル・プログラムはチャネル・コマンド（channel com-

図5.45 バーコード

図5.46 音声応答装置の機能

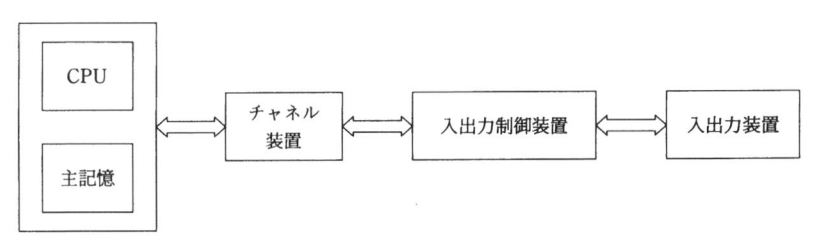

図5.47 チャネル方式

mand) からなる．これらの関係を図5.47に示す．

　チャネルは小型のコンピュータであり，独立に主記憶装置にデータを入出力することが可能である．このため，本来のCPUの動作と並行して入出力装置が制御される．例えば，プログラムAが実行中に出力要求が出たとする．その出力データを主記憶の適当な領域に格納し，チャネル装置に出力の制御を任せる．これ以後，出力動作はチャネル装置により行われる．この間，CPUは別のプログラムBを実行する．プログラムAの出力動作が終了するとチャネルからCPUに割込み信号が送られて，CPUは出力動作の完了を知る．すなわち，CPUが入出力動作に関与するのは最初と最後だけである．

　2つ以上のプログラムを見掛け上同時に行う処理方式を多重プログラミング (multi programming) という．

　入出力制御装置は，チャネルの指示に基づいて入出力装置に入出力動作の指示を出し，入出力装置のコード（外部コード）をCPUが取り扱うことのでき

るコードに変換する．このとき，パリティチェックやリード／ライトエラー等を検査する．その後，チャネルとの間でデータの転送を行う．入出力が終了すると入出力制御装置からチャネルに転送終了が知らされる．

　チャネル装置には，複数の入出力制御装置が接続され，入出力制御装置には複数の入出力装置が接続されるのが一般的である．また，CPUには複数のチャネル装置が接続される．

## 演習問題III

5.5　チャネルの機能は，CPUを介さずにメインメモリと入出力装置間で直接データ転送を行わせるものである．これをDMA（direct memory access）という．これについて調べ，図を用いて説明せよ．

5.6　次の入出力インタフェースの説明をせよ．
　　ア　GPIB　　　イ　RS 232 C　　　ウ　セントロニクス
　　エ　SCSI

5.7　イメージスキャナ（image scanner）について調べ，簡単に説明せよ．

5.8　次の条件の動画をパソコン上で再生するために必要なCD-ROM装置の転送速度（bit/sec）はいくらか．
　　条件：1．動画データはCD-ROM装置から読み出す．
　　　　　2．動画の再生時間は30 secである．
　　　　　3．1秒間の動画再生に15枚の画像が必要である．
　　　　　4．画像のサイズは縦160ドット，横240ドットである．
　　　　　5．1ドットあたり256色を表現できる．

# 第6章

# データ通信

近年,通信(communication)技術とコンピュータ(computer)技術を結合させ,幅広い分野にコンピュータを弾力的に応用していこうという趨勢にある.これらの技術を結合し最初に成果をあげたのは,1953年にアメリカのUSスチール社が開発したシステムである.このシステムでは各地に分散している事業所のデータを通信回線を利用して収集し,本社のコンピュータで処理し結果を各事業所に送信するというものであった.このシステムはIDP(Integrated Data Processing)と呼ばれ,1955年に日本でも導入されはじめた.

データ通信システム(data communication system)は,ネットワークシステム(network system)とか,オンラインシステム(on-line system)とも呼ばれ,伝送技術,交換技術,通信制御技術,ネットワークアーキテクチャ(network architecture),コンピュータ技術を有機的に結びつけることにより構成される.このシステムの目的は,地域によるデータ処理の時間と距離の差異を克服し,各種のコンピュータを共同利用することにより,経済的に,効率化を図ることを目的としている.その主な用途として,

① 遠隔地からのメインフレームなどの共同利用
② 銀行やJRなどのデータの集中管理とファイルの共有
③ 電子メール

などがある.インターネット(The Internet)の出現により,データ通信技術は我々の生活に密着したものとなっている.

## 6.1 データ通信の歴史

通信の歴史はアメリカにはじまった．アメリカでは1934年に通信法（Communication Act）が制定され，連邦通信委員会（FCC：Federal Communication Commitee）が設置された．このときは，主にメッセージ（message）通信が主であった．しかしながら，1950年代後半から1960年代ではIBM社等がオンラインサービスを開始しはじめたりして，メッセージ通信に限定していた通信制度が検討を迫られはじめた．そこで，FCCでは1971年に第1次裁定と呼ばれるものをまとめ，一般企業がデータ通信の分野に参入する道を開いた．その結果，VAN（付加価値通信網：Value Added Network）などのサービスが開始され，全米にコンピュータネットワーク網が張り巡らされた．その後，1983年に第2次の裁定がなされ，公共性の強い情報通信の分野を除いては，各企業が全く自由に参入してもよいことが認められた．これにより，コンピュータと通信技術を用いた高度なサービスが行われはじめ，この分野で世界をリードする結果となった．また，1969年に米国国防総省が主体となって構築したネットワークであるARPANET（Advanced Research Projects Agency NETwork）が現在のインターネット（The Internet）の始まりとなった．日本では，1984年にインターネットの原型であるJUNET（Japanese University NETwork）が稼働している．

日本では1953年に，アメリカより約20年遅れて公衆電気通信法が施行され，当時は日本電信電話公社（現NTT）のみがこの事業を行ってもよいとされていた．これにより，電信電話公社が全国にメッセージ通信のネットワークを構築した．1964年にJRのみどりの窓口が開設されたり，翌年銀行のオンラインサービスがはじまったりしたが，データ通信事業の自由化はなされなかった．1971年にようやく電信電話公社の回線にコンピュータや端末装置を接続して，オンラインネットワークを構築することが可能となった．オンラインとはコンピュータ本体と各種装置が回線で結合されていることをいう．しかしながら，運用についてはかなり制約があり，実際にはかなり不満のあるものであった．1982年にようやく中小企業のVANサービスが認められ，1985年には新しい電気通信事業法が制定されて，一般企業が回線を敷設し，それを運営することも可能となった．これにより，パーソナルコンピュータ（personal computer）によるネットワークも可能となってきている．さらに，異種の機器でもデータの送受ができる通信規約（プロトコル：protocol）も取り決められた．今後は，これらの技術を集大成し，かつ，データを記録できる全く新しいタイプの媒体（メディア：medium）を開発することにより高度情報化社会が形成されていくものと思われる．

## 6.2　システム構成

　データ通信システムの基本的な構成を図6.1に示す．図に示されているように，3つの部分から構成されている．センタでは端末装置から送られてくるデータを受信し，処理し，その結果を送信する機能を持っている．一般にセンタでは，複数の端末と応答を繰り返すため，その通信制御がかなり信頼性があり処理能力の大きいものでなければならない．この通信制御を，データ処理を行うコンピュータが直接行うと負荷が大きすぎるため，通信制御装置（CCU：Communication Control Unit）にデータ通信の制御を行わせる．

　CCUも1つのコンピュータである．CCUの機能の概略は次のようである．まず，データ受信については，送られてきたビットを検出し，それを1文字分に相当するビット数でまとめてパリティチェックを行い，誤りがないかどうか決定し，同様に数文字分をまとめてブロック化する．ブロックについても誤りがないかチェックする．送信についてはこの逆の動作を行う．これらの処理を行うのがネットワーク制御プログラム（network cntrol program）である．

　伝送系は，センタと遠隔地にある端末装置を結ぶ役割を果す伝送路である．

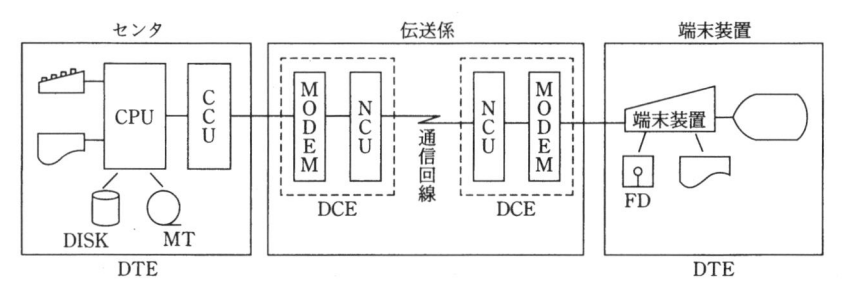

**図6.1**　データ通信システム

この通信回線は，その利用方法により専用回線と交換回線に分類できる．専用回線は，ある2つの端末が交換機を経由しないで常に接続されている回線である．料金は定額であり，大量データの送受信に適している．交換回線は，交換機を介して必要なときに接続する回線であり，ダイヤルする等して接続しデータの送受信を行う．料金は伝送量に依存し，少量データの送受信に適している．交換回線においては，網制御装置（NCU：Nerwork Control Unit）が必要である．網制御装置は交換機の起動や復旧，選択，呼び出しなどの各種信号を自動的に送出したり検出したりするための装置である．アナログ交換回線を利用するときに用いるモデム（MODEM：MOdulator DEModulator equipment）は伝送系の両端にあり，センタと端末装置を接続し，変調（modulation）と復調（demodulation）を行う装置である．モデムのほとんどがNCUを内蔵している．また，デジタル交換回線を利用する端末がデジタル伝送用のものである場合はNCUは不要である．

通信回線では交流信号であるアナログ信号により伝送が行われる．ところが端末装置や通信制御装置，CPUでは直流信号であるデジタル信号を取り扱っている．このため，送信側では直流信号を交流信号に変換する変調装置が必要であり，受信側では交流信号を直流信号に変換し再びコード化する復調装置が必要である．この両方を行う装置がモデムである．モデムの機能を図6.2に示す．図に示した変調は"1"を高い周波数に，"0"を低い周波数に対応させる周波数変調（FM：Frequency Modulation）を採用している．この他にも振幅変調（AM：Amplitude Modulation）や位相変調（PM：Phase Modulation）がある．変調速度としては1秒間に何ビット変調することができるかで表し，単位としてボー（Bauds）を用いる．

通信回線がデジタル回線の場合は，モデムは必要なくDSU（digital service unit）と呼ばれる回線終端装置が必要となる．DSUは電圧レベルや電流の調整を行う．

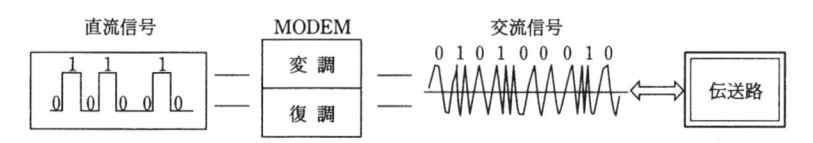

図6.2 モデムの機能

このように，データ伝送においてはさまざまな技術が集約されている．もう1つ重要な技術として同期がある．すなわち送信側と受信側でデタラメに伝送するのではなくタイミングを合わせて行う．これを"同期をとる"という．また，非同期通信もある．これらをまとめると次のようになる．

① ビット同期

ビット単位で同期をとる．同期信号は，受信側で供給する場合とそうでない場合がある．

② キャラクタ同期

通信データの前部に1バイトのSYNコードと呼ばれるものを置き，これにより同期をとる．キャラクタ指向伝送制御に用いられる．

③ フレーム同期

通信データの前後に情報の開始と終了を示すフラグを付加し，同期をとる．これをフレームという．HDLC手順などのビット指向伝送制御に用いられる．

④ 調歩同期（start-stop syncronization）

非同期方式である．8ビットで表された1文字（キャラクタ）の前にスタートビットとして"0"を付加する．通信データがないときは，ストップビットの"1"を連続的に伝送する．これを図6.3に示す．

端末装置は，コンピュータを専門としない人間と機械とのヒューマン・インタフェース（human interface）であり，データの入出力機能と通信制御機能を有している．また，最近ではかなりのデータ処理機能を備えており，高度な通信制御ができるようにインテリジェント（intelligent）化が図られている．基本的な機能としては，送信データに対するチェックビットの付加や受信データの誤りチェック，さらに，送信時に文字をビットに変換したり，受信時にビットから文字を構成したりする．これらの機能の他に，端末自身でもかなりデータ処理機能を有している．端末装置にも汎用から専用のいろいろな種類のものがあるが，JRのみどりの窓口にある乗車券などの予約と即時発券端末は最

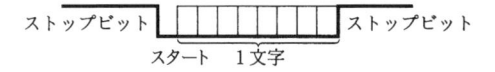

図6.3 調歩同期式データ

も身近なものである．この他にも，カード時代と相まってPOSや金融業界等にいろいろな端末装置が使用されている．

コンピュータや端末を総称してDTE (Data Terminal Equipment) といい，モデム等をDCE (Data Circuit terminating Equipment) という．DCEは通信回線の末端にあるものであり，DTEはデータ通信システムの末端に位置するものである．これらのDCE-DTEのインタフェースが国際的に標準化されている．その標準化を行ったのが国際電信電話諮問委員会 (CCITT) である．このような装置を用いることによりLAN (Local Area Network) やWAN (Wide Area Network) 等が構築される．

## 6.3 通信回線

### 6.3.1 回線の利用形態

通信回線に用いられるケーブルを，送信データ量の少ないものから順に挙げると，次のようになる．

① ツイストペア (twisted pair) 線
② 同軸ケーブル (coaxial cable)
③ 光ファイバ (optical fiber)

また，大掛かりなものとしては通信衛星を使用した回線もある．ツイストペア線とは2本の線を縒り合せた普通のコードである．同軸ケーブルは，円筒形の外側の導体の中心に，内側の導体を絶縁物で固定した，断面が同心円状のケーブルをいう．このケーブルは高周波での特性がよい．光ファイバは，ガラスやプラスチック等の透明材料をファイバとして，その内部に適当な屈折率を持たせることにより効率よく光が伝搬するようにしたものである．これまでのケーブルよりも低損失，大容量，軽量，無漏話という特徴がある．現在最も有効な

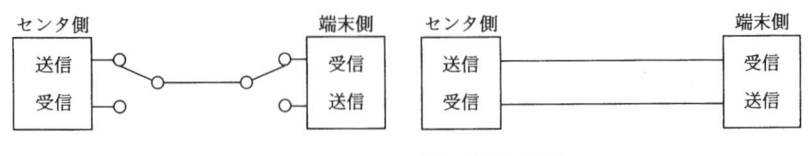

(a) 半二重通信　　(b) 全二重通信

図6.4　半二重・全二重通信

ケーブルである．衛星を用いても，極めて高速で大容量，かつ広域的なデータ通信が可能である．

　これらの回線を用いてデータ通信する方式として2種類ある．1つは半二重 (half duplex) 通信であり，もう1つは全二重 (full duplex) 通信である．半二重通信は，センタ側と端末側で送受信を行えるが，同時に送信・受信の両方を行うことができなく，スイッチで切り換えて交互に一方ずつ通信する方式である．これは，鉄道の単線に似ており上り列車も下り列車も通れるが同時に通ることはできない．全二重通信は両方向の通信が互いに独立して同時に行うことができる．これは，鉄道の複線に似ており，上り列車と下り列車が互いに関係なく通れる．最近のネットワークシステムでは，すべてが全二重通信である．ホビーに用いられるパソコン同士を結んだパソコン通信においては一部に半二重を使用することがある．これらの概略を図6.4に示す．

### 6.3.2　回線構成

　端末装置と通信回線の接続方式には，基本的なものとして次の3つがあるが，信頼性やスピード，コスト等を考慮して構成される．

① 　ポイント・ツー・ポイント (point to point) 方式
② 　マルチドロップ (multidrop) 方式
③ 　コンセントレータ (concentrator) 方式

　ポイント・ツー・ポイント方式は，端末装置とセンタを結ぶ回線が端末装置1台について1本ずつある．この方式の概略を図6.5に示す．この方式はセンタ側の通信制御にあまり負荷がかからず，端末装置はあまり多くないが，データ量が多い企業内のオンラインシステムに採用されている．

　マルチドロップ方式は分岐式ともいわれ，複数個の端末を1本の回線に接続

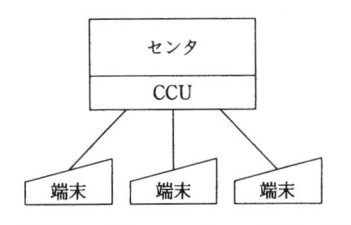

図6.5　ポイント・ツー・ポイント方式　　図6.6　マルチドロップ方式

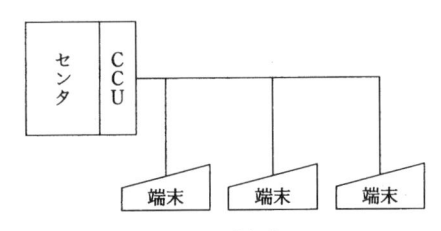

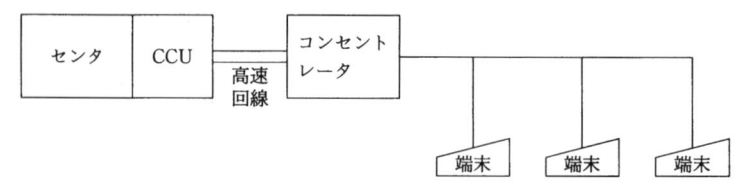

図6.7 コンセントレータ方式

する方式である（図6.6）．回線コストが少なくて済むが，通信制御が複雑になり，回線が込み合う場合があり，そのときは待たねばならない．比較的データ量が少ない場合に採用されている．

コンセントレータ方式は，何台かの端末装置からのデータを地域ごとのコンセントレータ（集配信装置）に集め，コンセントレータからセンタに高速回線を用いてデータを送る．これにより，センタ側で多数の端末装置の制御を行う必要がなくなる．端末が集中する場所とメインフレームのある場所が離れている場合に適しており，JRの座席予約や都市銀行のバンキングシステムなどに採用されている．この概略を図6.7に示す．

### 6.3.3 交換方式

少ない回線で多くの相手と通信するために，いろいろな交換技術が開発されてきている．また，これだけコンピュータが普及してくるとデジタルデータ通信に適したデータ網サービス（DDX : Digital Data eXchange）が必要となり，NTTにより1979年より開始されている．この伝送方式には回線交換とパケット交換の2つがある．

回線交換（circuit switching）は交換機で信号伝送路の接続を変える方式である．この方式では，データ伝送中はその回線を専有するが，センタ側と端末側では発着信制御などの接続手順は交換機だけを意識していればよい．また，いったん通信相手と接続されたならば，どのようなデータも送受信できる．

パケット交換（packet switching）は，データを小包み（packet）のようにある単位ごとにまとめてパケット交換機のメモリに蓄積し交換するものである．データ単位には目的地や送信元などの情報が付加されており，データの大きさとしては100バイト程度である．また，データが間欠的に送られるために，データ転送技術や網とのインタフェースが面倒である．図6.8にパケット

交換の原理を示す．この方式では回線網の空きが非常に少なくなる．

　これらのデータ網や電話網，ファクシミリ網などを統合化し，1本の加入回線で複数のサービスを受けられるようにしたのがデジタル統合網（ISDN：Integrated Services Digital Network）である．ISDNにおいては，音声や画像データを混在させて伝送することが可能である．このとき，ターミナルアダプタ（TA：Terminal Adapter）等が用いられる．これは，アナログ回線で利用する電話やファクシミリ，モデムやコンピュータを接続する機器である．TAは，アナログ通信機器を接続するアナログ・ポート（port）とパソコン等を接続するデータ・ポートを有している．最近ではISDNと接続するためのDSU（Digital Service Unit：宅内回線終端装置）を内蔵しているものが主流である．1本の回線に8台まで接続できる．この様子を図6.9に示す．

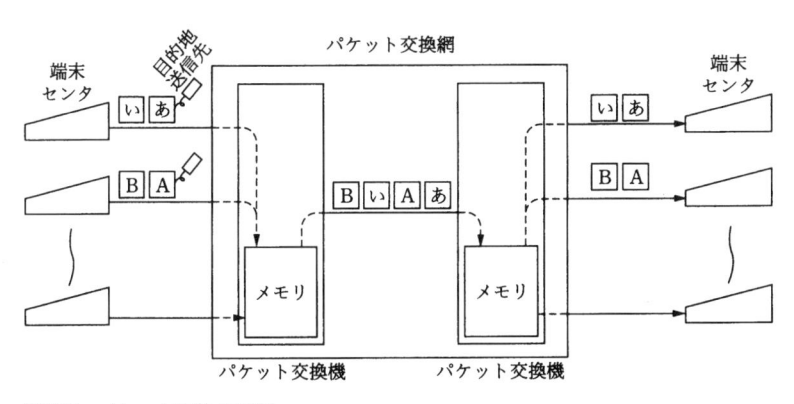

図6.8　パケット交換の原理

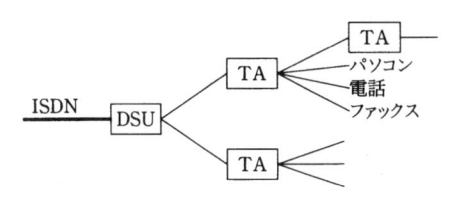

図6.9　ISDNとターミナルアダプタ

## 6.4 ローカル・エリア・ネットワーク

これまで述べてきたネットワークシステムは，NTT の提供する通信回線を使用したかなり広範囲なものである．しかしながら，近年企業や大学の構内等の同一建物内で独自にネットワークを構築し運用することが普及してきている．これをローカル・エリア・ネットワーク（LAN : Local Area Network）といい，伝送路やコンピュータについては法制上何ら規制はない．これらのネットワークを各企業がばらばらに開発したのでは非常にコスト高となり，かつ，互換性もないことから体系化・標準化が図られている．LAN の伝送路としては同軸ケーブルや光ファイバケーブルが用いられ，特に最近は光ファイバケーブルがほとんどである．ネットワークの形状としては，図 6.10 に示すような 3 つの形状が基本的である．

構内交換機（PBX）もデジタル化されたデジタル PBX（DPBX）が用いられ，ソフトウェアにより音声やデータがデジタルのまま交換される．DPBX はスター型 LAN の中核として企業通信システムに不可欠なものであり，ISDN への接続もできる．

① スター（star）型は，中心となるメインフレームがすべてを制御する．このため，メインフレームが故障するとすべての通信が止まる．また，端末を直接メインフレームに接続するのではなく，ハブ（hub）と呼ばれる機器に，各端末をスター型に接続し，そのハブとメインフレームやワークステーションを接続するのが一般的である．ハブとは「車軸」という意味があり，ツイストペアケーブルを用いてデータをやりとりする集線装置のことである．この通信回線の規格が IEEE（米国電気電子学会）で決められている．例えば，ツイストペア線の場合 10 BASE-T が採用されている．この意味を以下に示す．伝送速度の単位としては 1 秒

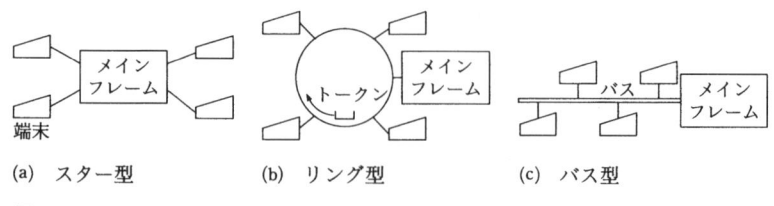

(a) スター型   (b) リング型   (c) バス型

図 6.10　LAN の形状

間に伝送できる情報量として bps (bit per second) を用いる．$10^6$ bps＝1 Mbps である．

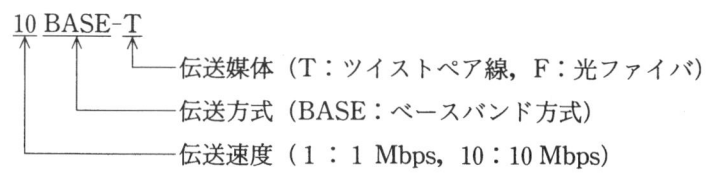

10 BASE-T
　　└─── 伝送媒体（T：ツイストペア線，F：光ファイバ）
　└─── 伝送方式（BASE：ベースバンド方式）
└─── 伝送速度（1：1 Mbps，10：10 Mbps）

② リング（ring）型は，通信回線をリング状に結線し，その回線に端末やコンピュータを接続する．この型は回線の長さを短くすることができるが，各端末は通信制御機能を具備している必要がある．また，1台の端末装置の障害がシステム全体に波及することもある．伝送路は一般に光ファイバを用いる．この伝送路にトークン（token）というフレーム（frame：データを入れる箱だと考える）を一方向に巡回させ，送信したい端末は空のトークン（フリートークン）に送り先とデータを付けて伝送する．各端末は受信するトークンがきたらデータを受けとり，受領済みの符号を付加して伝送路に流す．送信側は1周してきたトークンを確認し，トークンを空にして伝送路に流す．これをトークンパッシング（token passing）という．

③ バス（bus）型は，1本のバスラインに端末装置を接続していく方式であり，ネットワーク全体を制御する装置がないため，各端末の送信権がぶつかり合うことがある．また，送信情報はバス上を両方向に伝送させるため，通信制御の大半を端末で行う必要がある．バス型 LAN は1980 年に米国ゼロックス社等が開発したもので，イーサネット（Ethernet）と呼ばれ低価格で最も普及している．現在，IEEE で規格化された CSMA/CD (Carrier Sense Multiple Access with Collision Detection) が主流である．この方式においては，送信権がぶつかり合ったとき送信を一時中断し，一定時間後に再度送信を試みる．リング型のトークンパッシングと区別すること．伝送速度は 10 Mbps，端末間最大長は 500 m で，伝送路は同軸ケーブルを使用している．ケーブルの長さとして，200 m のもの（10 BASE 2）と 500 m のもの（10 BASE 5）がある．この他に，伝送媒体に光ファイバを用いた 10 BASE F や伝送速度が 100 Mbps の 100 BASE のものが用いられている．CSMA/CD 方

式を採用した高速LANに応用され，ツイストペア線を用いている100 BASE-TXも高い普及率を有している．このリンクの最大長は100 mで10 BASE-Tとの親和性が高い．

LANを実際に配線する場合には様々な機器が必要となる．特に，他のLANと接続する場合，接続相手の型により接続方法が異なる．まず，端末などの機器から伝送路に，または伝送路から機器にデータを送る装置としてトランシーバ（transceiver）が必要である．トランシーバは，Ethernetの標準ケーブルである10 BASE 5に端末などを接続するための機器である．パソコンやワークステーション（WS）をLANに接続するにはLANボードが必要となる．同じ型のLANを接続するにはリピータ（repeater）と呼ばれる中継装置が必要である．リピータは，伝送路を延長するときに用いたり減衰した信号を再生したりする．

異なる種類のLANと接続する場合（例えばリング型LANとバス型LAN等の接続）には，ブリッジ（bridge）と呼ばれる中継機が必要である．ブリッジは，自分のLANに必要なパケット等を選択するフィルタリング機能も有している．各LANボードのROMにあらかじめ書き込まれたアドレス（MACアドレスという）とブリッジが内部に持っているテーブルとを常時照合し，パケットを中継すべきか判断する．異なる型のLANやWAN（Wide Area Network）と呼ばれる広域ネットワークと接続するには，ルータ（router）と呼ばれる中断機が必要となる．ルータは，プロトコルなどの整合を行い，どのルートをたどれば早く宛先にパケットが届くかという判断も行う．これをルーティング（routing）という．プロトコルの交換などの処理を行い，ルータの代りの機能を行うコンピュータをゲートウェイ（gateway）という．ゲートウェ

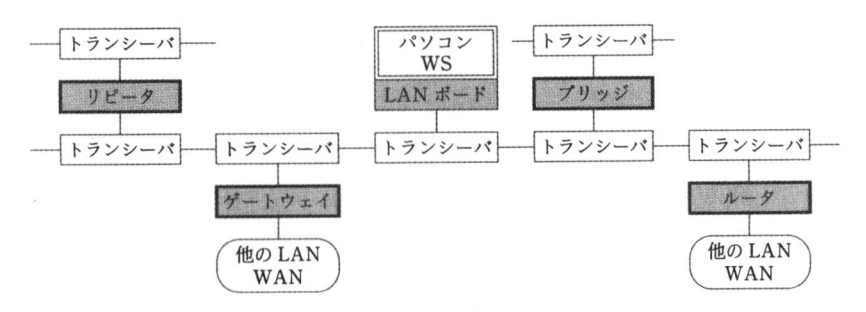

図6.11 LANの接続機器

イは，プロトコルの異なる複数のネットワークで相互通信を行うためのコンピュータであり，様々な処理を行う．このため，メインフレームと伝送路（バス）との間にも設置される．以上の事柄をまとめて図に示すと図6.11のようになる．

これらネットワークの高速化実現のために，パケット交換の送信データを複数のフレームに分けて伝送するフレームリレー（frame relay）技術が開発されている．この技術においては，高速化を達成するためにデータ通信中にトラブルが発生しても再送信はしない．フレームの長さは4096バイトを上限に可変長である．受信側は複数のフレームから元のデータを再構築する．可変長のパケットを伝送すると，中継点でパケット長の整合が必要である．これに対して，1種類の固定長形式のセルでデータを伝送するのがセル・リレー（cell relay）方式である．伝送速度の異なる回線を使用してもトラブルが少ない．

LANにおいては，すべてのコンピュータがサーバ（server，管理する側のコンピュータ）にもなれるし，クライアント（client，サービスを受ける側のコンピュータ）にもなれる．このとき，サーバがデータベース等のファイルやプリンタを管理し，各クライアントがサーバに処理を依頼するタイプをクライアント／サーバシステムという．このシステムにおいて，処理やネットワークの負荷を分散させることができる．

LANは単にコンピュータの文章情報のみを伝送するのではなく，ファクシミリや音声，映像までも伝送できる．ファイル等もすべて端末で共通に利用できるようになってきており，情報活用の効率が高く，個人のみならず企業戦略上欠くことのできないインフラストラクチャ（infrastructure）である．主伝送器においては伝送速度も100 Mbpsを越える．

**問題6.1** 次の図は10 BASE-TによりLANを構成したものである．A部の装置は何か．

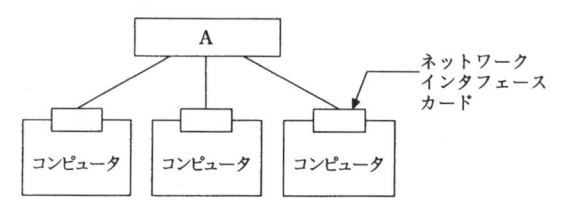

## 6.5 ネットワーク制御

コンピュータネットワークは，ハードウェアとして各種機器を接続するだけでは稼働しない．正確に有効に稼働するにはさまざまなソフトウェア的制御や取り決めが必要である．例えば，送信側のコンピュータと受信側のコンピュータ（これをノード：node という）で伝送のタイミングや文字コード，伝送速度などの取り決めが必要である．この規約のことをプロトコル（protocol）という．

ネットワークが構築された当初は，メーカごとにプロトコルやモデルが異なっていた．これを標準化したのが，国際標準機構（ISO）の OSI（Open System Interconnection），すなわち開放型システム間相互接続という参照モデルである．このモデルにおいては，ネットワークシステムで重要な処理機能を7つの論理的な階層（layer）に分けている．各レイヤごとにプロトコルが標準化されている．ただし，インターネットでは業界が標準化した TCP/IP（Transmission Control / Internet Protocol）が採用されている．

表6.1に OSI 参照モデルの各レイヤの役割と機能をまとめて示す．各ネットワークは OSI 参照モデルに準拠し，ネットワーク間を結ぶ伝送路には，ネ

**表6.1** OSI 参照モデルの機能

| 層 | 名　称 | 役　　　割 | 機　　能 |
|---|---|---|---|
| 7 | アプリケーション層 | 業務処理プログラムや端末利用者に最終的な情報を提供する | ファイル転送，ネットワーク管理，電子メール，トランザクション処理 |
| 6 | プレゼンテーション層 | 異機種間通信を行うためにデータの表現形式をそろえたり，その逆変換をする | 情報表現形式，構文変換，暗号 |
| 5 | セッション層 | 通信の形態（全二重，半二重，優先データ，送信機能，同期，再送機能）を提供 | 送信権制御，メッセージの同期 |
| 4 | トランスポート層 | セッション層に対して，誤りがないように多重化や制御を行いデータ転送品質を保つ | end to end の誤り制御，端末の多重通信 |
| 3 | ネットワーク層 | システム間の接続とデータ転送を正しく行う | 交換接続，切断制御，中継制御，パケット交換 |
| 2 | データリンク層 | 隣り合うノード間の正しい伝送と伝送誤りの訂正 | 伝送制御，トークンパッシング，CSMA/CD |
| 1 | 物理層 | ビット単位の伝送 | DTE/DCE インタフェース |

ットワーク層，データリンク層，物理層を有した中継開放型システムが存在する．各層間ではプロトコルが決められている．また，1〜4層を下位層，5〜7層を上位層という．

　このようにOSIの標準化により，多種類のプロトコルが分類・体系化され整理された．これをネットワーク・アーキテクチャ（network architecture）という．ネットワーク・アーキテクチャは階層構造を持ち，各階層ごとに使用可能なハードウェアやソフトウェアの仕様が標準化されている．これにより，異なるメーカ間の通信が可能となり拡張性を有することになる．これにともない，他社で開発されたOSI対応製品同士を接続できるか確認するテストがある．これをコンフォーマンステストという．

　データ送信時には，通信相手にデータを送信することを知らせる等の手順がある．この方法には，以下に示す4つがある．

① コンテンション（contention）方式
　送信端末から相手に送信要求を出し，了解した旨の「受信OK」の返事を得てから送信するという3段階を経る．

② ポーリング／セレクティング（polling/selecting）方式
　ネットワークに接続されたメインフレームと各端末が主従関係にあり，メインフレーム（制御局）側から各端末（従属局）に対して送信の要求があるかどうかを問い合せ，あれば送信許可を与えて送信させる．これをポーリングという．制御局から従属局にデータを送信するとき，受信可能かどうか調べる．これをセレクティングといい，可能ならば送信する．

③ トークン（token）方式
　先のリング型LANで述べたトークンを常に回線上に流し，送信するデータがあるノードはトークンに宛先を付け加えて回線上に流す．

④ CSMA/CD方式
　回線上にデータが流れているかチェックし，流れていない場合はデータを送信し，流れている場合は一定時間後に再度チェックする．

　また，端末などのDTE間のデータ伝送手順としてさまざまな手順がある．例えば，コード，半二重や全二重などの通信方式，同期のとり方，送信手順などが決められないとデータ伝送ができない．この伝送手順の代表的なものが3

つある．

① 無手順（non-procedure）
最も単純でプロトコルの規定はない．調歩同期（start-stop syncronization）式で文字列を送る．この同期方式においては，1文字のコードの前後にスタートビット（ST）とストップビット（SP）を付加し，文字の区切りを示す．STビットを受信すると，一定間隔ごとにビットを読み込む（サンプリングする）．

② ベーシック手順（basic mode data transmission control procedure）
IBMが開発した伝送手順を基本に，ISOで制定したデータリンク層レベルのプロトコルである．これは半二重通信で採用され，10個の伝送制御キャラクタ（TCC）によって制御される．1970年代に普及したが，現在ほとんど用いられていない．

③ HDLC手順（high-level data link control）
これも，IBMが開発した伝送手順を基本にISOで制定したデータリンク層レベルのプロトコルである．全二重通信で高速伝送が可能であり，フレームと呼ぶ単位でデータを送受信する．CRC（cyclic redundancy check）により誤り検出も行う．フレームの開始と終了にはビットパターンで表されるフラグを用いる．

これらの通信網は電気通信事業者より回線を借りるか，自分で専用線を敷設しなければならなかった．公の電気通信事業者として，1985年まで国内は現NTT，国際はKDDに限られ，これ以外の参入は認められていなかった．これでは，さまざまなオンラインシステムに対するニーズに応えることができないため，法改正がなされ，通信事業が自由化され競争原理が導入された．現在，電気通信事業者は図6.12のように第一種電気通信事業者と第二種電気通信事業者に分類されている．日本では第二種電気通信事業者はVAN（Value Added Network）事業者と呼ばれている．

電気通信事業法によるサービスには，国内向けのものと海外などの国際向けのサービスがある．そのサービスは，以下のように専用線サービス，交換サービス，ISDN（Integrated Service Digital Network：統合サービスデジタル網）がある．これらの公共サービスの信頼性，安全性，継続性を維持するために電気通信事業法がある．

```
電気通信事業者
├ 第一種 —— 電気通信回線を自ら設置し，電気通信サービスを提供する電気通信事業者
│          （郵政大臣の許可が必要）
└ 第二種 —— 第一種電気通信事業者から回線設備を借り，付加価値を付け通信サービス
  │        を提供する電気通信事業者
  ├ 特別 —— 不特定多数のユーザを対象に，1200 bps 換算で 500 回線を越える規模を持
  │        つか，海外との付加価値通信サービスを行っている事業者（郵政省に登録
  │        が必要）
  └ 一般 —— 特別第二種電気通信事業者以外の事業者（郵政省に届出が必要）
```

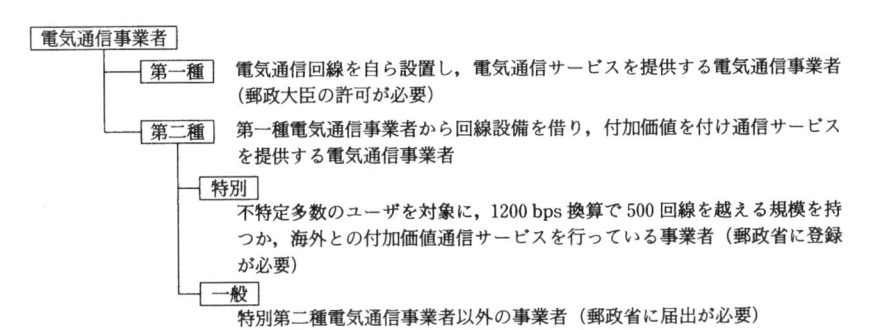

図 6.12　電気通信事業者の分類

公共サービス
- 専用線サービス（一般専用線，高速デジタル伝送，映像伝送，衛星通信，無線専用，国際専用，…）
- 交換サービス（加入電話交換，加入通信交換，回線交換，パケット交換，…）
- ISDN（音声データ等の通信を統合して，1本の回線で複数の端末を接続できるデジタル通信回線．CCITT で標準化され，NTT では INS と呼ぶ.）

## 6.6　パソコン通信

　インターネットが普及する前はパソコン通信が普及していた．これは，個人の利用者がパソコン通信の業者の提供するアクセスポイントに電話回線を経由して接続するものである．パソコン通信により，一般の情報化社会が始まったといえる．現在でも少ないがパソコン通信が行われている．

　このときの情報とは，我々の行動を決定するための知識であるといえる．例えば，自社の株価の動向や他社の新製品の開発状況など，1つの行動を決定するために数多くの情報が必要である．社会には不必要な情報も数多く氾濫している．これらの情報の中から必要な情報を地域や場所，時刻にとらわれず入手できることが望ましい．これをコンピュータを用いて適確に構築するのが情報化社会である．家庭内や中小企業の事務所においても，この情報化社会の波が押し寄せてきている．

ここでは，この情報化社会の一役を担ったパソコン通信について述べる．

### 6.6.1 パソコン通信の原理

パソコン通信は，家庭や会社にあるパソコン（personal computer）とホストコンピュータ（パソコンでもよい）を電話回線で結ぶことにより，主に次の処理を行うことである．

① 各種のデータ・ベース（data base）から情報を検索する．
② いろいろな地域（国）の人と情報交換をする．
③ 特定の人や，団体に加入している会員にメッセージを送る．
④ パソコン通信による会議に参加する．
⑤ 電話機と同じように画面に文字を出力し会話する．

パソコン通信を行うためには，最低図6.13に示す装置が必要である．端末装置であるパソコンから"0"，"1"の集まりであるデジタル情報をモデムでアナログ情報に変換して伝送し，それを受信側で再びデジタル情報に変換してコンピュータ処理を施す．このとき，一般には互いに異なる周波数の"1"，"0"を用いるため，1つのケーブルで送信情報と受信情報が干渉を起こさないで通信できる．これをチャンネル1とチャンネル2といい，チャンネル1では"1"は1180 Hz，"0"は980 Hzである．チャンネル2では，"1"は1850 Hz，"0"は1650 Hzである．モデムの中にはNCU機能が組み込まれている．

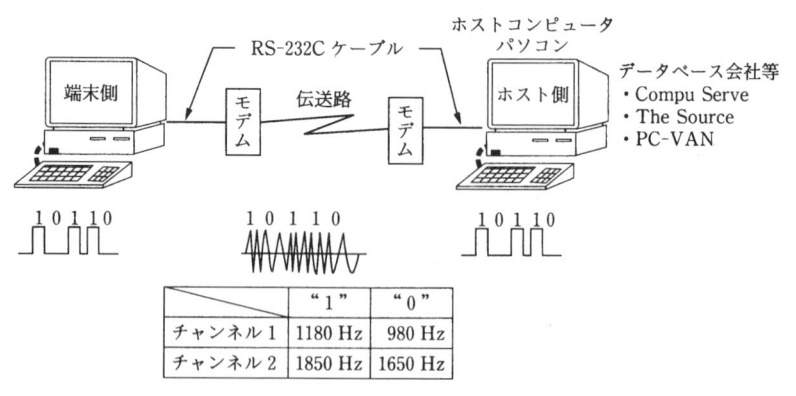

|  | "1" | "0" |
|---|---|---|
| チャンネル1 | 1180 Hz | 980 Hz |
| チャンネル2 | 1850 Hz | 1650 Hz |

**図6.13** パソコン通信に必要な装置

①のデータ・ベース（DB：Data Base）とは，個々の業務ごとにファイルを持つことをやめて統合共有ファイルを作り，そのファイルをすべての業務が使用するようにしたものである．これにより，データの冗長性がなくなり，汎用性，融通性，拡張性を持ったものになる．また，高度な情報システムを構築することが可能である．

### 6.6.2 モデム

日本電信電話株式会社（NTT）が敷設している電話回線は，アナログ信号の音声を送るためのものである．この回線を用いてデジタル情報を伝送するには，アナログ量とデジタル量の変換装置が必要である．この変換装置がモデムである．

モデムは，デジタル信号の"0""1"を，直接アナログ量である交流信号に変換して電話回線に送り出す．この原理図を図6.14に示す．

### 6.6.3 RS-232C ケーブル

モデムはデジタル信号とアナログ信号の変換を行う機器であることを前節で述べた．パソコン通信においてもパソコンをデータ端末装置（DTE），モデムをデータ回線終端装置（DCE）と呼ぶ．これらDTEとDCEの信号の受け渡しをするために統一規格が作られている．これがRS-232Cである．RS-232Cは，アメリカ電子工業会（EIA：Electorical Industry Association）で決められた規格である．この規格に従ってデータを伝送するケーブルがRS-232Cケーブルといわれている．RS-232Cケーブルの中は25本の線で構成されている．このケーブルでDTE側とDCE側を接続するためには25ピンのコネクタが必要である．これらにはピン番号が1番より25番まで付いており，それぞ

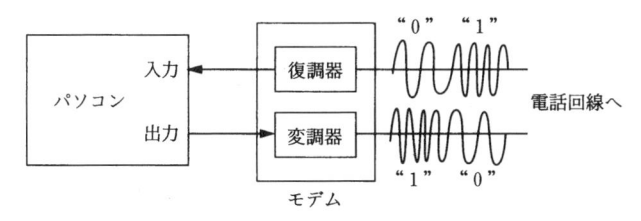

**図6.14** モデムの原理図

## 第6章 データ通信

**表6.2** RS-232C 信号線の内容

| ピン番号 | 信号名 | JISでの信号名 | 名称 |
|---|---|---|---|
| 1 | FGND | FG | 保安用接地 |
| 2 | TXD | SD | 送信データ |
| 3 | RXD | RD | 受信データ |
| 4 | RTS | RS | 送信要求 |
| 5 | CTS | CS | 送信可 |
| 6 | DSR | DR | データセットレディ |
| 7 | GND | SG | 信号用接地 |
| 8 | DCD | CD | データチャネル受信キャリア検出 |
| 9 | | | 未使用 |
| 10 | | | 未使用 |
| 11 | | | 未使用 |
| 12 | | BCD | バックワードチャネル受信キャリア検出 |
| 13 | | BCS | バックワードチャネル送信可 |
| 14 | | BSD | バックワードチャネル送信データ |
| 15 | | ST2 | 送信信号エレメントタイミング |
| 16 | | BRD | バックワードチャネル受信データ |
| 17 | | RT | 受信信号エレメントタイミング |
| 18 | | | 未使用 |
| 19 | | BRS | バックワードチャネル送信要求 |
| 20 | DTR | ER | データ端末レディ |
| 21 | | SQD | データ信号品質検出 |
| 22 | RI | CI | 被呼表示 |
| 23 | | SRS | データ信号速度選択 |
| 24 | | ST1 | 送信信号エレメントタイミング |
| 25 | | | 未使用 |

**図6.15** RS-232C ケーブル

れ機能が異なる．この概要を表6.2に示す．また，その写真を図6.15に示す．この中で，パソコン通信で必要なのは1～8番と20番ピンのみである．それらの機能を図6.16に示す．

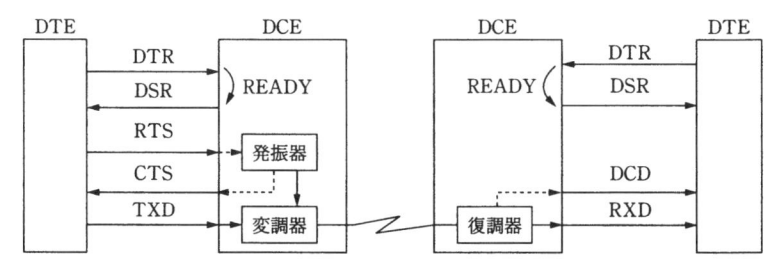

```
DTE          DCE              DCE          DTE
      DTR                           DTR
            READY         READY
      DSR                           DSR
      RTS
            発振器
      CTS
                                    DCD
      TXD   変調器         復調器   RXD
```

図6.16 パソコン通信で必要な主な信号線

この中で最も重要なケーブルは，TXD (transmitted data)，RXD (received data)，GND (ground) の3本である．TXDは送信データを送る信号線で，RXDはデータを受信する信号線である．GNDは接地線である．RTSは，送信したいデータがあるときに信号を出す送信要求線である．CTSは，相手から送信してもよいという許可が送られてくる線である．DSRは，機器が正常であることを知らせてくる線であり，DCDは相手方に信号が到着していることを知らせてくる線である．DTRは相手方に送受信できることを知らせる線である．

**問題6.2** 次はモデムに関する記述である．(　) の中に適当な語句を入れよ．モデムとは，デジタル信号をアナログ信号に変換する（ア）機能と，その逆であるアナログ信号をデジタル信号に変換する（イ）機能を有しているもので，パソコン通信を行うためには必ず必要なハードウェアである．

## 6.7 インターネット

パソコン通信とインターネットは，利用者サイドから見ると基本的には同じである．インターネットは，OSIのレイヤ4に相当するTCP (Transmission Control Protocol) とレイヤ3に相当するIP (Internet Protocol) を通信手順としたコンピュータネットワークを，相互に接続してできあがった世界最大のネットワークである．

1969年に米国国防総省が主体となって構築したARPANETが始まりであ

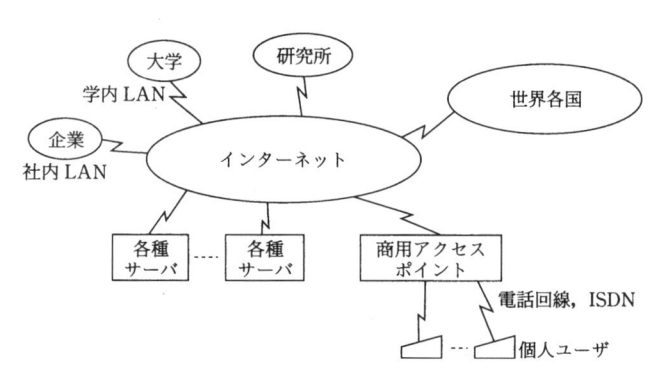

図 6.17 インターネットの概要

る．その後，大学や研究機関が学術用として利用した．このため，自由で制約のないネットワークである．1989年にインターネットの商用化を推進する非営利組織であるCIX（キックス：Commercial International eXchange association, Inc.）が結成され商用利用が可能となった．これによりNSP（Network Service Provider）が登場した．

日本では，1984年に東京工業大学，慶応義塾大学，東京大学の大型計算機を接続したJUNET（Japanese University NETwork）が誕生した．このときのプロトコルはUUCP（Unix to Unix CoPy）である．1989年にTCP/IPを用いて国際間の接続に成功した．1993年にはプロバイダが登場し，1994年にインターネット接続サービスを開始した．電子商取引（electronic commerce）や電子商店街（online shopping mall）など，我々の生活になくてはならないものとなってきている．インターネットの概要を図6.17に示す．

インターネットと同じプロトコルとブラウザ（browser：多数のコンピュータ上にある情報を表示する閲覧ソフトウェア）が利用できる企業内ネットワークをイントラネット（intranet）という．

### 6.7.1 IPアドレスとDNS

インターネットでは数十億台を越えるコンピュータが接続されており，これらのコンピュータ1台1台にアドレスが付与されている．このアドレスによりコンピュータが識別される．これがIP（Internet Protocol）アドレスである．8ビットの値を4つまとめることで，1つのアドレスを構成する．すなわち，

256×256×256×256≒43億台となる．今後は43億×43億×43億×43億のIPアドレスが提供できるIPv6が構築される．

IPアドレスは数字の羅列であるが，これをアルファベットで識別できるようにしたのがドメイン (domain) 名である．ドメイン名は必ずIPアドレスに変換される．これを行うのがドメイン・ネーム・システム (DNS: Domain Name System) で，実際に処理するのがドメイン・ネーム・サーバ (Domain Name Server) である．その様子を図6.18に示す．DNSは各組織に1つ以上必要である．ドメイン名の組織の種別を表6.3に示す．末尾のjpは日本を意味する．アメリカはインターネット発祥の地であるため，特権として国名は付けない．

このIPアドレスを管理している組織が世界の各地域にある．すなわち，IPアドレスとドメイン名の対応表がキャッシュファイルとして記録されている．これを図6.19に示す．NICはNetwork Information Centerの略である．

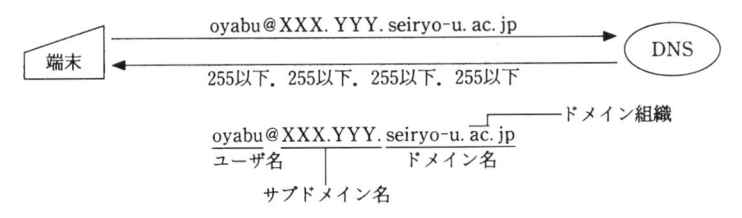

図6.18 ドメイン名

表6.3 ドメイン名の組織種別

| 組織種別 | 記号 |
|---|---|
| 学術関係 | ac |
| 企業 | co |
| 政府関係 | go |
| ネットワーク管理組織 | ad |
| その他（財団等） | or |

```
                Inter NIC  ← アメリカも含まれる
                   │
                 APNIC
              アジア太平洋地域
               ┌───┴───┐
            JP NIC ······ KR NIC ···
           Japan NIC      韓国 NIC
           ┌──┴──┐
        ac.jp ··· co.jp
          │         │
        大学サーバ  企業サーバ
```

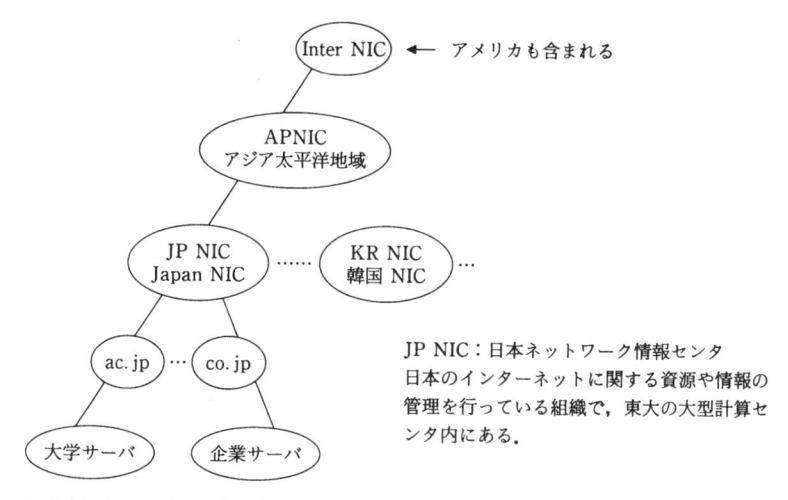

JP NIC：日本ネットワーク情報センタ
日本のインターネットに関する資源や情報の管理を行っている組織で，東大の大型計算センタ内にある．

**図 6.19** IP アドレス管理組織

## 6.7.2 WWW

WWW (World Wide Web) とは「世界中にはりめぐらされたクモの巣」という意味で，世界中に分散している情報をネットワークを介して辿ることができるということである．これは，スイスの粒子物理学研究所で開発されたもので，クライアント／サーバシステムでインターネットに情報を提供するシステムである．

WWW は単に Web ともいい，HTML (Hyper Text Markup Language) 言語で表されたデータを HTTP (Hyper Text Transfer Protocol) で WWW サーバに接続し，送受信する．ハイパーテキスト (hyper text) とは，文字，音声，画像等の関連付けられた情報を意味する．このとき，情報を提供しているサーバや資源の場所を示すものとして URL (Uniform Resource Locators) がある．URL の内容は以下のようになっている．

<u>スキーム名</u>：／／ホスト名．ドメイン名／パス名／
　　↑
　　└── http, ftp, telnet, Gopher, WAIS, news 等がある．

〔例〕 http://www.seiryo-u.ac.jp/

**問題 6.3** http, ftp, telnet, Gopher, WAIS, news について調べよ．

### 6.7.3 インターネットの接続とプロトコル階層

TCP/IP は基本的には 4 つの階層から構成される．これは，1982 年に米国国防総省によって標準通信規約として発表されたもので，1983 年に ARPANET で採用された．この構造を図 6.20 に示す．TCP は OSI 参照モデルの第 4 層に対応し，IP は第 3 層に対応する．上位層は 5〜7 層に対応する．UDP (User Datagram Protocol) は再送機能のない単純な制御を行う．

パソコンなどの端末をインターネットに接続するには，専用線（専用線 IP 接続）あるいは公衆回線のいずれかにより，ネットワークを管理する NOC (Network Operation Center) に接続する必要がある．公衆回線の場合，UUCP (Unix to Unix CoPy) 接続とダイヤルアップ IP 接続がある．専用線 IP 接続は常時 NOC と接続されている．UUCP 接続とダイヤルアップ IP 接続は，インターネットのアドレスであるドメイン (domain) からの要求に応じて NOC に接続される．この様子を図 6.21 に示す．

図 6.20　TCP/IP の構造

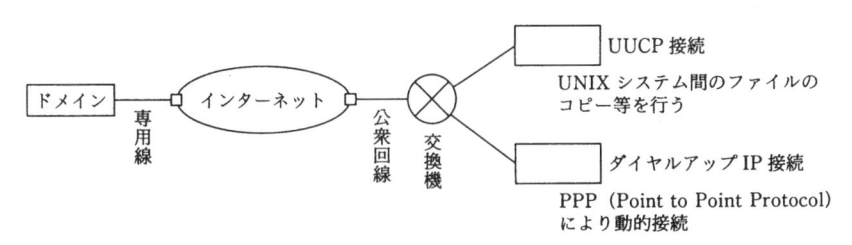

図 6.21　インターネットへの接続

### 6.7.4 インターネットのアドレス

　大学や企業が JPNIC に IP アドレスを申請するとき，ある数のまとまった IP アドレスを取得することになる．これをクラス（class）と呼ぶ．最小のクラスは 256 個の IP アドレスを持ち，これをクラス C という．最も大きなクラスはクラス A である．IP アドレスは，先にも述べたように 8 ビット 4 桁，すなわち 32 ビットで構成され，その上位 3 バイト（24 ビット）が団体共通のものである．下位 8 ビットで 0～255 の値を表す．クラス A やクラス B とともに図 6.22 にこれを示す．この他にクラス D がある．これは，ある特定のグループに対して 1 度に同じデータを送信する IP マルチキャスト（multicast）専用のものである．現在，クラス A や B は取得することはできない．

　クラス A はネットワーク部が 8 ビットで，上位ビットが 0 である．これをクラス識別子という．ホスト部は 24 ビットあり，16777215 個のドメインを有することがわかる．

　今，ある大学で次のようなクラス C のアドレスを取得したとすると，256 個すべてを一般的に使用できるのではない．ホスト部が 0 と 255 は特別な使用に供される．すなわち，0 はネットワークアドレス，255 はブロードキャスト（broadcast）アドレスである．例えば，

　　193．1．1．0　　　ネットワークアドレス
　　193．1．1．1　　⎫
　　　⋮　　　⋮　　　⎬一般アドレス
　　193．1．1．254　⎭
　　193．1．1．255　　ブロードキャストアドレス

のとき，193．1．1 というネットワークアドレス部まで判明しているが，ホストアドレス部が不明のメールなどを処理するために使用されるのがネットワークアドレスである．

　これに対して，ネットワークアドレスに所属する全サーバやクライアントに対して，同時に同じデータを送信するために使用するのがブロードキャストアドレスである．ブロードキャストとは"全員に配信する"という意味である．この様子を図 6.23 に示す．(a)はネットワークアドレスの場合であり，(b)はブロードキャストアドレスの説明である．

　ブロードキャストには，ローカルブロードキャストとダイレクトブロードキ

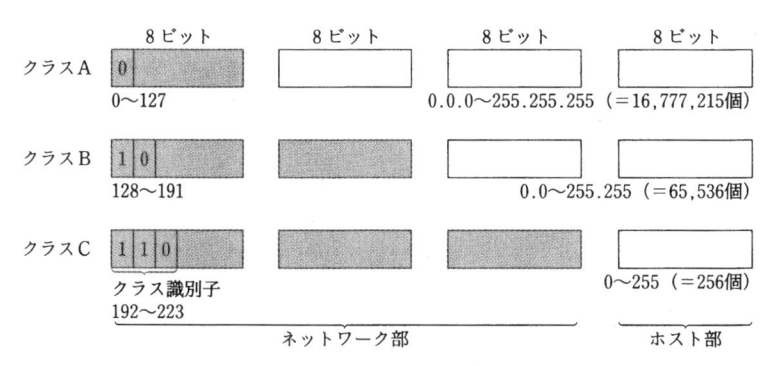

```
           8ビット      8ビット      8ビット      8ビット
クラスA  [0        ]  [        ]  [        ]  [        ]
           0〜127                  0.0.0〜255.255.255（＝16,777,215個）

クラスB  [1|0      ]  [        ]  [        ]  [        ]
           128〜191                0.0〜255.255（＝65,536個）

クラスC  [1|1|0    ]  [        ]  [        ]  [        ]
           クラス識別子                         0〜255（＝256個）
           192〜223
                      ネットワーク部              ホスト部
```

図 6.22　IP アドレス

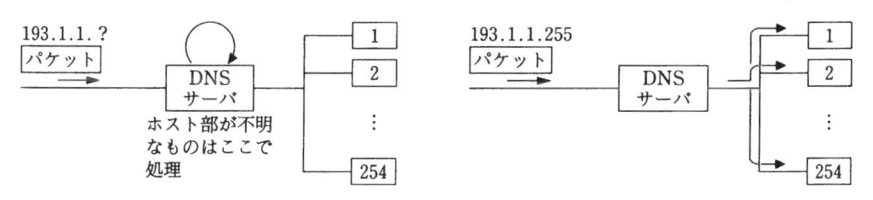

(a) ネットワークアドレス　　　(b) ブロードキャストアドレス

図 6.23　ネットワークアドレスとブロードキャストアドレス

ャストの 2 種類がある．前者は自分の所属しているネットワーク内にブロードキャストする場合，後者は異なるネットワークに対してブロードキャストする場合である．

　大学や企業においては，クラス C の 0〜255 までのホスト部をさらに分割してネットワークを構築したい場合がある．これをサブネットワークという．このとき，ホスト部の最上位ビットが"1"のグループと"0"のグループに分けることにより 2 分割することができる．これをサブネットマスク（subnet mask）という．例えば，

```
                   193. 1. 1. 1        110 0001. 0000 0001. 0000 0001. 0000 0001
    サブネット A    ：                                      ：
                   193. 1. 1. 127                                      0111 1111
    ----------------------------------------------------------------------------
                   193. 1. 1. 128                                      1000 0000
    サブネット B    ：                                      ：
                   193. 1. 1. 254                                      1111 1110
```

```
                    ┌─ルータ┐  サブネットA
                    │       ┌──────────────┐
                    │    193.1.1.1    193.1.1.127
インターネット─ルータ─┤
                    │       サブネットB
                    └─ルータ┐──────────────┐
                         193.1.1.128   193.1.1.254
```

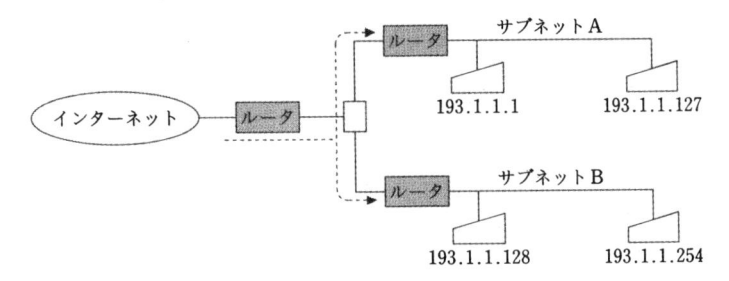

**図6.24** サブネットマスクによる分割

のようになる．サブネットAとサブネットBはルータなどを用いて相互に接続される．これによりIPアドレス不足が緩和される．これを図6.24に示す．

　IPアドレスとは異なり，通信を行うコンピュータやルータ等に直接付与されたアドレスをMAC (Media Access Control) アドレスという．MACアドレスはパソコンのLANカードなどに記録されており，カードを交換すると変わる．MACアドレスは48ビットで構成され，24ビットがメーカコード，24ビットが製品コードである．

### 6.7.5　SMTPサーバとPOP3サーバ

　インターネットの利用技術の中で，最も馴染み深いのは電子メールである．インターネット上のメールのやりとりは，送信側のメールサーバと受信側のメールサーバ間で行われる．メールサーバ (mail server) は，SMTP (Simple Mail Transfer Protocol) サーバとPOP (Post Office Protocol) 3サーバから構成され，同一のマシンを使用することが多い．その機能を図6.25に示す．

① あるクライアントがSMTPサーバに送信を依頼する．
② インターネットを介して送信先のSMTPサーバへメールが届く．
③ SMTPサーバはハードディスク内のメールボックスに内容を記録する．

　SMTPは，サーバの利用者数だけメールボックスを持っており，またパスワードも記憶している．一般に利用者ID（メールアカウント）とメールボックスは同名である．メールアカウントはPOP3サーバへログ・イン (log in) するために必要である．ログ・インとは，ネットワークに接続しデータ交換ができるようにすることである．接続を断つことをログ・アウト (log out) という．

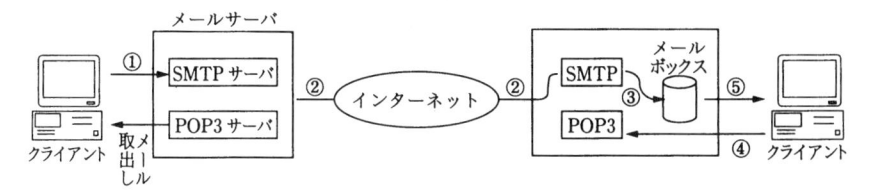

図 6.25 SMTP サーバと POP サーバの機能

④ クライアントは POP3 サーバにログ・インする．
⑤ POP3 プロトコル (POP version 3) を用いてメールを取り出す．

LAN において，外部からさまざまな不正アクセスが行われることが考えられる．これを防止するために設置されたバリアをファイアウォール (fire wall) といい，「防火壁」を意味する．ルータのフィルタリング機能やゲートウェイなどを用いて実現する．例えば，ルータを通過するパケットを SMTP に限定することにより，インターネットのやりとりをメールに限定することができる．ファイアウォールには，パケットフィルタとアプリケーションゲートウェイの2種類が代表的なものとしてあげられる．これは，プロキシィ (proxy：代理) サーバを置き制御される．

以上，インターネットについて概述してきたが，インターネットは我々の生活にさらに密接に関わってくることが予想される．また，研究開発や経営戦略上の多くの知識を与えてくれるものであり，常に新しいシステムとコミュニケーションのあり方について吟味しておく必要がある．

**問題 6.4** 情報通信に関する次の記述 a～e に最も関連の深い字句を解答群の中から選べ．

a コンピュータ向きに2進符合化された直流信号を，電話回線で送信できる交流信号に変えたり，その逆を行ったりする装置である．

b 情報をデジタル信号，つまり2進符合のまま送るデータ通信専用の回線サービスである．

c 第一種電気通信事業者から回線を借り，コンピュータシステムとの連結によって通信コストの低減と情報への付加価値サービ

スを行う通信網である．
d 複数のコンピュータシステムや端末機を通信回線で接続する場合の通信制御手順の取り決めである．
e オフィス内の情報機器を相互に結び付け，全体として効率的なOAシステムを構築するための企業内情報通信網である．

〔解答群〕
ア　プロトコル　　　イ　モデム　　　ウ　DDX
エ　LAN　　　　　　オ　VAN

## 演習問題

**6.1** データ通信に関する次の記述中の（　）に入れるべき適切な字句を，解答群の中から選べ．

(1) データ通信用の回線には，( a )回線と( b )回線がある．( a )回線は，( b )回線に比較して回線の品質も良く，( c )という単位で示されるデータ信号速度も高速化できる．

(2) ( a )回線を利用したNTTのデータ伝送サービスに，( d )サービスがある．このサービスは電文を一定長の( e )と呼ぶ単位に分割して通信サービスを行うものであり，通信速度の異なる装置間の伝送が可能である．

(3) ( b )回線を利用したデータ伝送では，信号を( f )するために( g )という装置が必要である．

(4) コンピュータシステム間で通信を行う場合，( h )と呼ぶ通信に関する規約を定めて通信を行うのが一般的である．このような規約の国際標準の代表的なものの1つとして，( i )が定めた( j )参照モデルがある．

〔a～eに関する解答群〕
ア　bps　　　　　イ　DDX-C　　　ウ　DDX-P　　　エ　INS-C
オ　PBX　　　　　カ　アナログ　　キ　デジタル
ク　パケット　　　ケ　フレーム　　コ　ヘルツ

〔f～jに関する解答群〕
- ア DSU
- イ ISO
- ウ NCU
- エ OSI
- オ X.25
- カ 時分割
- キ 多重化
- ク 変復調
- ケ プロトコル
- コ モデム

**6.2** データ通信で使用される機器に関する次の字句に最もよく対応する記述を解答群の中から選べ．
- a 通信制御（処理）装置（CCU または CCP）
- b 宅内回線終端装置（DSU）
- c 変復調装置（MODEM）
- d 網制御装置（NCU）
- e 時分割多重化装置（TDM）

〔解答群〕
- ア 通信回線とコンピュータとを接続する装置であり，主として文字組み立て分解機能や誤り制御機能を有する装置．
- イ 通信回線とコンピュータとを接続する装置であり，主として通信規約（プロトコル）の変換機能を有する装置．
- ウ パケット交換網で使用される装置であり，パケットの組み立ておよび分解を行い，パケット単位に多重化する機能を有する装置．
- エ 回線交換網で使用される装置であり，レベル交換，タイミング抽出などの機能を有する装置．
- オ アナログ通信回線に接続するための装置であり，信号の変調や復調の機能を有する装置．
- カ デジタル通信回線に接続するための装置であり，信号の変調や復調の機能を有する装置．
- キ 電話網を利用してデータ通信を行う場合，交換設備の動作を制御する機能を有する装置．
- ク 電話網を利用してデータ通信を行う場合，網へ不必要に高いレベルの信号や不用な周波数の信号を送出しないよう防止する機能を有する装置．
- ケ 時分割多重化技術を使用して，デジタル信号を多重化したり分割したりする機能を有する装置．

コ　時分割多重化技術を使用して，アナログ信号とデジタル信号が混在した形のままで伝送可能とする機能を有する装置．

**6.3** 次は HDLC 手順で伝送されるフレームと呼ばれる情報単位である．I 部と FCS 部は何か．ただし，F 部はフレームの始まりと終了を意味するフラグであり，A 部は宛先や発信元のアドレス，C 部は相手先に対する動作の指令や応答を示す．

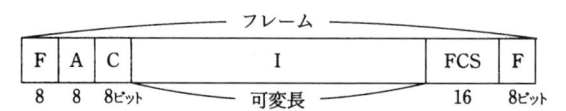

```
           ───── フレーム ─────
  | F | A | C |      I      | FCS | F |
    8   8  8ビット ── 可変長 ──  16  8ビット
```

**6.4** 画像データファイルが置かれているサーバ機にインターネット経由で接続したい．画像ファイルの大きさが平均 100 k バイト，サーバまでの回線速度が 64 k ビット／秒，回線利用率を 60 ％とすると，50 個のファイルを連続してダウンロードするのにかかる時間を 1 分以内にしたいとき，回線を最低何本用意すべきか求めよ．

第7章

# ハードウェアシステムの利用形態

近年,人間社会における情報の価値とその役割が増大しつつある.このことは歴史的に見て,産業の発展が農業から工業へ,そして情報産業の時代へと変遷していることからも伺える.これにともない,コンピュータの利用形態も大きく変わりつつある.前章で述べたように,それは通信技術とコンピュータ技術の結合が1つの転機となったことは明らかである.特に近年においてはダウンサイジング(downsizing)指向により,より小型のコンピュータを使ってシステムを構築する方向へと移行している.すなわち,複数のワークステーションやパソコンをLANで接続し,分散処理(distributed processing)するサーバ/クライアント(server-client)システムが主流となりつつある.

本章においては,ハードウェアシステムとデータ処理方式について述べる.

ハードウェアシステムの構成を大きく分類するとオンラインシステム(on line system)とオフラインシステム(off line system)に分類される.オフラインシステムとは,入力装置や出力装置などシステムの一部が中央処理装置の制御下に置かれていない状態をいう.つまり,CPUとケーブルで接続されていない状態である.これに対して,オンラインシステムとはシステムがCPUの直接制御下に置かれている状態である.汎用コンピュータシステムのほとんどがオンライン方式を採用している.

## 7.1 オンラインシステム

オンラインシステムには,データの収集,分配,交換,問い合せ,処理等の形態によりさまざまなシステム構成がある.また,スペース・シャトルの制御

等のように非常に信頼性を重要視しなければならない分野もある．いかなるシステム構成においても，コストを考慮しつつ，故障が発生しにくく，故障が発生してもすぐに機能を回復したり，すべての機能を停止させない等の対策が採用されている．以下，いろいろなオンラインシステムの構成について説明する．

### 7.1.1 シンプレックスシステム（simplex system）

小規模のオンラインシステムに採用されているシステムで，障害時における予備機等のハード的対策がとられていない．処理としては，端末等から伝送されてくるデータを具備しているファイルと照合し処理するものである．このシステムは安価であるが，センタ側の装置が1つでも故障するとすべての機能が停止する確率が大きい．図7.1にシステムの概要を示す．

### 7.1.2 デュプレックスシステム（duplex system）

同一のコンピュータシステムを2系統おき，1つをオンライン処理用に稼働させておき，他方を待機用にして普段はバッチ処理（batch processing）を行っている．バッチ処理とは，処理するものをある程度たまるまでまとめておき，それを一括処理することである．障害が発生した場合には，バッチ処理を行っていたシステムがオンライン用に切り換えられる．切り換え時間が大きいと即時処理を要求するものには不向きである．図7.2にシステムの概要を示す．システム内に故障機器が存在しても処理が続行されるために信頼性が高い．

### 7.1.3 デュアルシステム（dual system）

2つのコンピュータシステムに同一の処理を行わせて，結果を照合し同じであれば1つのコンピュータから出力が出される．すなわち，2系統のコンピュータシステムが全く同一の処理を行う形態をとる．1系統に障害が発生しても，もう1系統あるのでシステム全体が停止することはなく，比較的高い信頼性を有している．しかしながらプログラミングが難しく，照合を行うためにCPUの処理効率は低下する．このシステムは，システムの停止が許されない航空管制，原子力発電などの分野に利用されている．図7.3にシステムの概要

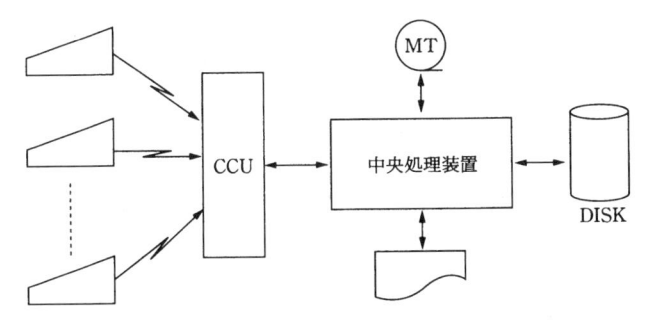

図7.1 シンプレックスシステム

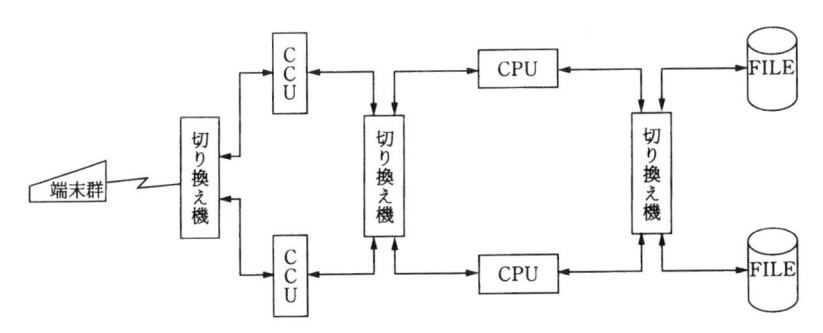

図7.2 デュプレックスシステム

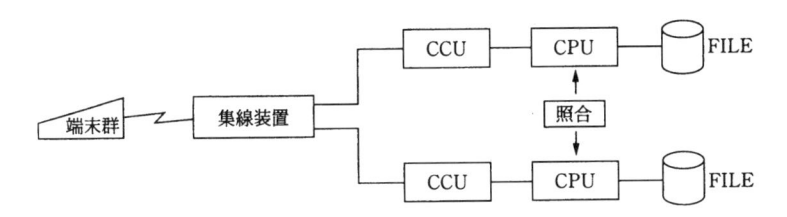

図7.3 デュアルシステム

を示す．

### 7.1.4 マルチプロセッサシステム (multiprocessor system)

複数の中央処理装置が主記憶装置（MS）やファイルを共有し，それぞれのCPUが個別の業務を行うシステムである．各CPUは有機的に結合されており，機能が分担され，それぞれのCPU間でデータ交換も行われる．また，あ

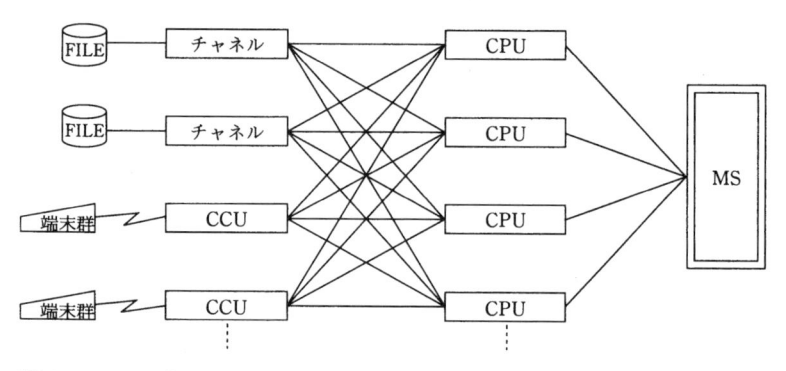

図7.4 マルチプロセッサシステム

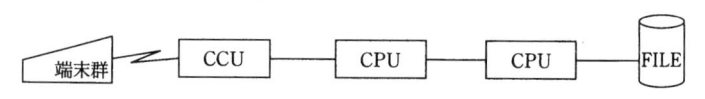

図7.5 タンデムシステム

るCPUの負荷が大きいとき，負荷の小さいCPUに一部業務を任すこともある．このシステムの処理能力は非常に高く，一部障害が起こっても能力は低下するが処理を続行していくことができる．図7.4にシステムの概要を示す．

### 7.1.5 タンデムシステム

　中央処理装置を直列に接続し，ベルトコンベアのように順番に各CPUに処理を行わせる形態である．前置CPUは一般に小形で処理能力も低いが，実際にデータ処理を行うCPUは大型である．たとえば，図7.5に示す図において前置CPUでデータ通信のメッセージ制御を行い，本来のデータ処理は後のCPUで行う．これにより，後ろのCPUの負荷が減少する．これをタンデムシステム（tandem system）という．

## 7.2　性能と信頼性

　コンピュータシステムの絶対的な性能評価はまだ確立されてはいない．しかしながら評価項目として次のようなものが挙げられる．
　① 　コスト・パフォーマンス

② 拡張性
③ 柔軟性
④ 信頼性
⑤ サービス性
⑥ 変換費用

コスト・パフォーマンスは仕事当たりの費用で小さい方が望ましく，拡張性，柔軟性，信頼性，サービス性は大きく，システムが将来変わるときその変換費用が少ないことが望ましい．現実的には，性能の数値的な比較として，MIPS（Million Instruction Per Second），スループット（throughput），ターン・アラウンド・タイム（turn arround time），クロック周波数（clock frequency），命令ミックス（instruction mix）等がある．ミップス（MIPS）は1秒間に実行される命令数の平均値を100万個単位で表したものである．スループットは単位時間内に処理し得るデータ量のことである．ターン・アラウンド・タイムは，処理要求を出してから最終結果を手に入れるまでの時間をいう．この他にも応答時間（response time）による比較もある．これは端末などで処理要求を入力してから結果が出力しはじめるまでの時間である．この応答時間とターン・アラウンド・タイムは同様の性質を持つ．また，コンピュータ内には時計のように一定間隔で繰り返すパルスがある．このパルスに合わせて種々の動作が行われる．すなわち，このパルスの1秒あたりの繰り返し数をクロック周波数といいHz（ヘルツ）という単位で表す．この周波数が大きいほど早いコンピュータといえる．命令ミックスは性能評価用の命令群をあらかじめ決めておき，その実行時間と各命令の使用頻度の加重平均などにより評価する．このとき，選ばれた命令群を命令ミックスといい，ギブソンミックス（単位FLOPS）やコマーシャルミックス（単位MIPS）がある．

ハードウェアとソフトウェアを総合的に結合し，システムの性能や信頼性を向上させる機能としてRAS機能がある．
RAS機能とは，
① Reliability　　　信頼性
② Availability　　 可用性
③ Serviceability　 保守性
の略称である．信頼性はシステムが障害なく動作することであり，可用性はい

```
 ─T₁─  ─F₁─ ─T₂─ ─F₂─        ─Fₙ─  ─Tₙ─
```

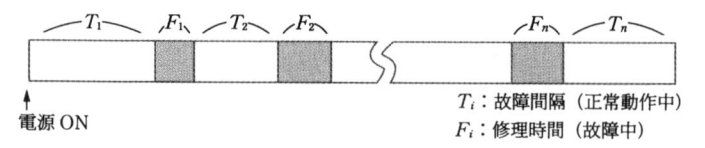

↑
電源ON

$T_i$：故障間隔（正常動作中）
$F_i$：修理時間（故障中）

**図7.6** MTBFとMTTRの関係

つでもシステムを使用できることであり，保守性は障害時における復帰をすみやかに行わせることである．このRASに，保全性（integrity）と安全性（security）を追加したものをRASIS機能という．保全性とは完全性ともいい，コンピュータシステムを停止することなく運行させることをいう．安全性とは機密性ともいい，データの保護や機密保持が行われていることをいう．

　信頼性を数値的に表す方法がある．信頼性とは「定められた期間内に正規の処理を果す確率」と定義されるが，一般には平均故障間隔（MTBF：Mean Time Between Failure）と平均修理時間（MTTR：Mean Time To Repair）で計られる．これを図示すると図7.6となる．MTBFとMTTRの内容について式（7.1）に示す．

$$\left. \begin{array}{l} \mathrm{MTBF} = \dfrac{1}{n} \sum_{i=1}^{n} T_i \\ \mathrm{MTTR} = \dfrac{1}{n} \sum_{i=1}^{n} F_i \end{array} \right\} \qquad (7.1)$$

図より，MTBFは大きく，MTTRは小さい方が望ましい．可用性はMTBFとMTTRを用いて表すと式（7.2）となる．これは稼働率とも呼ばれる．

$$\begin{array}{c} 可用性 \\ （稼動率） \end{array} = \dfrac{\mathrm{MTBF}}{\mathrm{MTBF}+\mathrm{MTTR}} \qquad (7.2)$$

シンプレックス・システム等においては，各装置の稼働率を $x_i$（$i=1, 2, \cdots, n$）とするとシステム全体の稼働率 $W$ は式（7.3）となる．

$$W = x_1 \times x_2 \times \cdots \times x_n = \prod_{i=1}^{n} x_i \qquad (7.3)$$

　デュプレックス・システムやデュアルシステムのように並列に複数の装置が接続されているとき，1台の装置が故障しても処理が続行されるため，これは稼働中とみなされる．このように同一の装置を $n$ 重に多重化したとき，その $n$ 個中 $m$ 個故障（$n-m$ 個稼働）してもシステム全体が故障でないとするシ

ステムの稼働率 $W_s$ は式 (7.4) で表される．ただし，装置の稼働率を $x$ とする．

$$W_s = \sum_{i=0}^{m} {}_n C_{n-i} \times x^{n-i}(1-x)^i \tag{7.4}$$

**問題 7.1** 装置 E の稼働率が 0.89 とする．この装置を 4 台並列に接続したとき，2 台が稼働していれば故障でないとするシステムの稼働率 $W_s$ はいくらか．

## 7.3 データ処理方式

　コンピュータシステムの利用方法，すなわち，処理方式はハードウェアシステムの構成と緊密な関係がある．これらは適用業務の範囲や性質，予算，地域等により決定される．また，装置を買い換える等の将来の自由度についても十分な検討が必要である．
　コンピュータによるデータ処理方式としては，バッチ処理，オンライン・リアルタイム処理，タイム・シェアリング処理，分散処理などがある．

### 7.3.1 バッチ処理

　バッチ処理（batch processing）とは前章でも簡単に触れたが，処理すべきプログラムやデータを一定量分または一定時間分まとめて一括して処理する方式である．実行している仕事は 1 件ずつなので逐次処理ともいわれている．ユーザが依頼したプログラム（ジョブ：job という）をオペレータが適当な分量にまとめ，計算機センタのスケジュールに従って一括処理する．このバッチ処理には，

　　　センタバッチ（center batch）処理
　　　リモートバッチ（remote batch）処理

がある．センタバッチ処理は，計算機センタにてプログラムやデータをとりまとめて一括処理し，出力結果を人手により業務ごとに分配する方式である．リモートバッチ処理は，データやプログラムを遠隔地等にある端末装置に蓄積しておき，要求が生じれば端末側から一括投入する処理方式である．このとき，

処理プログラムをセンタ側で所有しているときは，データのみを端末側から入力すればよい．

バッチ処理の特徴として次の事柄が挙げられる．
① 処理スケジュールが容易に決められる．このため，システムの使用効率を上げることができる．
② 比較的小規模システムに適しており，プログラミングが容易である．
③ ユーザが結果を入手するまでの時間であるターン・アラウンド・タイムが長い．

### 7.3.2 オンライン・リアルタイム（on-line real time）処理

遠隔地にある端末で処理データが発生すると，データ通信を用いてすぐにセンタ側で処理を行い，結果を出力する処理方式である．この方式では短時間で結果が出るのが特徴で，座席予約システムや航空管制などの分野に適用されている．データファイルとしては，大容量で高速のランダムアクセスファイルが用いられ，その内容は時々刻々更新されている．この処理方式のシステムでは，信頼性や保安性に十分な注意が払われなければならない．このため，システムは高価格である．

### 7.3.3 タイム・シェアリング処理

この処理方式は，多数の端末装置から同時に，センタのホストコンピュータに処理要求を出しても，ほとんど同時に処理結果をそれぞれの端末に回答するものである．このとき，処理内容が同じ種類のジョブである必要もない．実際には，処理要求を出している端末に対して，順番に $10^{-3}$ 秒（1 ms）以下のCPUの時間を与えて順番に処理を行っている．また，処理の内容にかかわらず，一定時間ごとに区切られ，次の端末の処理に移行する．このため，あたかも各端末のユーザがホストコンピュータを専有しているかのようにみえる．これにより，高価なコンピュータシステムを多数のユーザで共有することになり，1人当たりのコストを低くでき，かつ，大型の装置を使用することが可能となった．この処理を時分割処理ともいう．また，この処理方式を採用しているシステムをタイム・シェアリング・システム（TSS：Time Sharing System）という．

タイム・シェアリング処理とマルチ・プログラミング方式とがよく間違われるので注意を要する．マルチ・プログラミング方式は，主記憶装置に複数個のプログラムを格納しておき，実行中のあるプログラムが入出力要求を出したときに，他のプログラムを実行する．入出力動作が終了すると，再び元のプログラムを実行する．これにより，計算機の使用効率が向上する．

タイム・シェアリング処理の特徴としては，会話型処理ができ，大型計算機を専有しているかのようにプログラムを実行させることができる．この処理方式は，大学・研究所，NTTのデータ通信システム，医療診断システム等で採用されている．

### 7.3.4 分散処理

これまでのコンピュータの開発は，小型機からより大きな大型機の開発を目標としてきた．これは，集中処理方式が定着しており，1台のコンピュータにあらゆる処理を行わせる風潮があったからである．最近，小型コンピュータの性能が大幅に向上し，さらに，価格も非常に低くおさえられつつあり，1台の大型コンピュータよりも複数の小型コンピュータを購入する傾向にある．また，コンピュータ・ネット・ワークの開発が順調に進み，小型コンピュータを端末として使用し，ネット・ワークに接続することにより処理を分散させる分散処理（distributed processing system）が主流になりつつある．これらの小型コンピュータはネットワークにおいては常に対等の立場にあり，異種のコンピュータでもよい．

最近はワークステーションやパソコンを用いて，データの発生箇所や処理要求のあったところでほとんどの処理が行われる．特にクライアント／サーバシステムが脚光を浴びてきている．このシステムは，ユーザの入力を解析し，サーバに対して必要な処理を要求するクライアントと，クライアントからの要求を処理するサーバとが協調して，ユーザの要求を処理するシステムである．サーバにはワークステーション，クライアントにはパソコン等が用いられる．

企業内においては，第6章で述べたLANがあり，各部門の小型コンピュータがその部門の大半の処理を行い，処理しきれないものはLANを介して大きなコンピュータや他部門のコンピュータを使用する．また，広域的に構築されたネット・ワークもある．これをLANに対してWAN（Wide Area Network）という．

**問題 7.2** CPU の処理時間を微小時間に分割し，それを実行可能な状態にあるタスク（task）に割り当てる形態とは何か．

**問題 7.3** 次のような 3 種類の命令群を持つコンピュータで，それぞれの実行速度と出現頻度が次の条件の場合の MIPS（Million Instruction Per Second）はいくらか．

| 命令群 | 実行速度（$\mu$s） | 出現頻度（%） |
|---|---|---|
| A | 0.1 | 40 |
| B | 0.2 | 30 |
| C | 0.5 | 30 |

## 演習問題

**7.1** 次のような 3 つの業務がある．その処理形態として適切なものを選べ．

〔業務〕
1　1ヶ月の給与計算
2　工業用ロボットの自動運転
3　飛行機の座席予約

〔処理形態〕
A　オンライントランザクション処理
B　バッチ処理
C　リアルタイム処理

**7.2** コンピュータシステムの処理方法に関する記述 a～e に最も関連の深い語句を解答群の中から選べ．同一の解答を 2 度以上選んではならない．

　a　プログラムと，それが必要とする入力データ全部とをまとめ，ジョブ制御言語を添えてコンピュータに入力し，処理させる方式．

　b　独立して実行できる複数個のプログラムがあり，実行中のあるプログラムが入出力動作の完了待ちなどで実行を中断したとき，または予定された時間が経過したときなどに，システムに入っている他のプログラムのうちで，直ちに実行できるものに制御を移して，その

プログラムを実行する処理の方式．
c 処理要求またはデータを随時受け取り，その要求自身の時間要件に従って処理を行い，結果を返す方式．
d 複数個の処理装置が結合されているシステムによって並列処理する方式．
e 1つのコンピュータシステムに多数の端末装置を接続し，多数の利用者が各端末装置から同時にオンラインでコンピュータシステムを共同利用する方式．各利用者は，コンピュータシステムをあたかも1人で占有しているかのように使用できる．

〔解答群〕
ア 一括（バッチ）処理
イ 実時間（リアルタイム）処理
ウ 時分割（タイム・シェアリング）処理
エ 多重（マルチ）プログラミング
オ 多重（マルチ）プロセッシング

7.3 時分割（タイム・シェアリング）システム（TSS）に関する次の記述の中から正しいものを3つ選べ．

ア 文字表示装置（キャラクタディスプレイ）やグラフィックディスプレイのようなCRT（陰極線管）を用いた表示装置のほか，タイプライタ型の端末装置を用いることもできる．
イ バッチ処理のジョブ制御言語に相当する"コマンド"と呼ばれるものがあり，コマンドの機能を理解していないと効率的に利用できない．
ウ 主として科学技術計算に用いられ，事務処理にはほとんど利用しない．したがって，使用できる言語もFORTRAN以外にはあまりない．
エ 端末装置から使用できるファイルは順編成ファイルだけであり，直接編成ファイルや索引順編成ファイルは使用できない．
オ コンピュータと対話しながら処理を進めていき，誤った箇所の訂正などを即座に行うことができるので，プログラム開発などに適した利用形態である．

カ 座席予約システム，販売・在庫照会システムは，計算機と対話しながら処理を進めるので，典型的な TSS である．

キ 同時に多数の利用者が端末装置を用いて TSS を利用することができるが，そのため中央処理装置（CPU）を，端末装置の台数だけ設置する必要がある．

7.4 2台のコンピュータを並列に接続して使う場合，1台目と2台目のそれぞれの MTBF（平均故障間隔）と MTTR（平均修理時間）および稼働率が次の数値であるとき，システム全体の稼働率は何％か．

| 項　目 | MTBF | MTTR | 稼働率 |
|---|---|---|---|
| コンピュータ 1 | 480 時間 | 20 時間 | 96 ％ |
| コンピュータ 2 | 950 時間 | 50 時間 | 95 ％ |

7.5 複数のコンピュータをネットワークで接続し，それぞれのコンピュータが占有している資源を有効かつ効率的に処理できるようにしたシステムを分散処理システム（distributed processing system）という．その実例を1つ挙げ，説明せよ．

# 第8章

# 仮想コンピュータ COMET

　コンピュータの機能を把握するためには，まず機械語の命令がどのように実行されていくかを理解した方がよい．機械語と1対1に対応した記号言語 (symbolic language) として，アセンブリ言語 (assembly language) がある．コンパイラ言語に比べて，アセンブリ言語は記号化されていて馴じみにくいが，コンピュータの機能や性能を十分に生かした最も効率的なプログラムを作成することができる．本章においては，COMET（通商産業省が実施している情報処理技術者試験用仮想コンピュータ）の動きと，そのアセンブリ言語である CASL を用いて説明する．CASL は COMET 用のアセンブリ言語である．実際には COMET というコンピュータは実在しなく，あくまでも試験用の仮想コンピュータである．しかし，その原理と構造は実際のものとほとんど変わらない．それらの仕様を巻末の付録に示す．

## 8.1 COMET の構成

　CASL でプログラムを作成するためには，CPU や主記憶装置の構成や働きを知っておく必要がある．ここでは，これらの概要について述べる．巻末の付録1に示した仕様から考えられる COMET の CPU の構成要素を示すと図8.1のようになる．図中のバス (bus) とはデータが伝送される母線のことである．

### 8.1.1 主な仕様

　COMET は1語16ビットの固定語長のコンピュータであり，この1語 (16ビット) で番地を指定する．このため，番地範囲は 0～65535 番地までであ

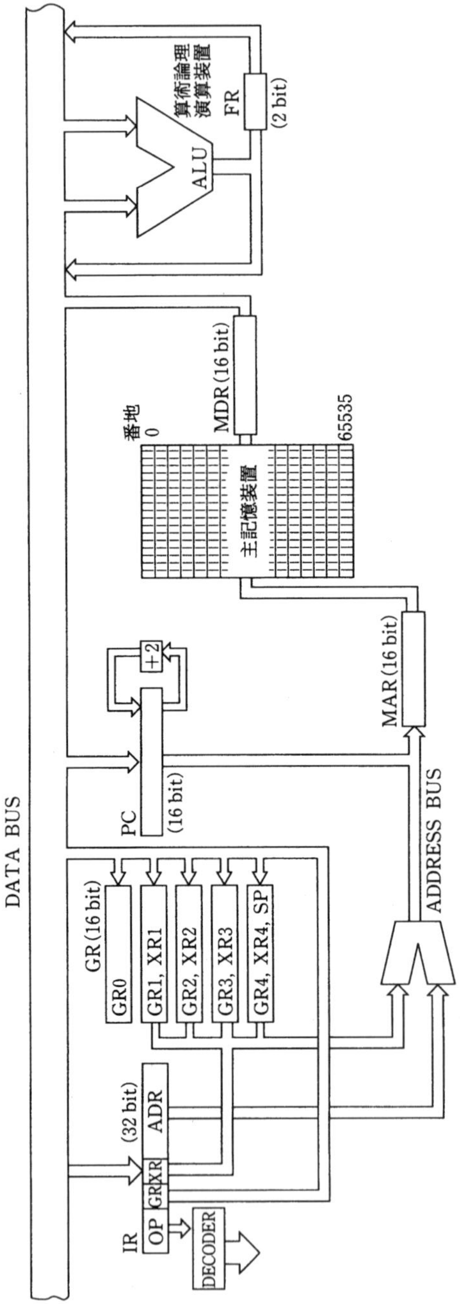

図 8.1 COMET の構成

8.1 COMETの構成 ——— 187

| ビット番号→ | 0 | 1 | 2 | 3 | 4 | 5 | 6 | 7 | 8 | 9 | 10 | 11 | 12 | 13 | 14 | 15 |

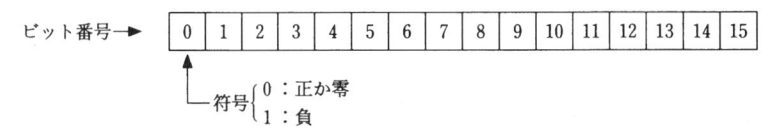

符号 { 0：正か零 / 1：負 }

図8.2　1語の構成

| 第1語 |||||||||||||||| 第2語 ||||||||||||||||
|---|---|---|---|---|---|---|---|---|---|---|---|---|---|---|---|---|---|---|---|---|---|---|---|---|---|---|---|---|---|---|---|
| 0 | 1 | 2 | 3 | 4 | 5 | 6 | 7 | 8 | 9 | 10 | 11 | 12 | 13 | 14 | 15 | 16 | 17 | 18 | 19 | 20 | 21 | 22 | 23 | 24 | 25 | 26 | 27 | 28 | 29 | 30 | 31 |
| 主OP |||||||| 副OP |||||||||||||||||||||||||
| OP |||||||||||||||| GR |||| XR |||| ADR ||||||||||||||||

図8.3　命令の形式

る．1語の構成は図8.2に示すように各ビットには，ビット番号が付けられている．数値データは，1語長の固定小数点表示であり，負数は2の補数表示である．最上位のビット（第0ビット目）は，データを表すときは符号ビットとして用いられ，0のときは正か零，1のときは負の値であることを示す．

COMETの命令は2語長（32ビット）あり$1\frac{1}{2}$命令の形式である．すなわち，命令の中にレジスタを指定する部分がある．図8.3に命令の形式を示す．1命令で主記憶装置の2番地分あり，最初の番地の16ビットがビット番号0～15に入り，次の番地の分が16～31に入る．命令は次の4つのフィールドから構成されている．

① OPフィールド

　命令コード（OPeration code）部で，「〜せよ」を指示する部分である．この部分は，主OP部と副OP部から構成されており，算術演算命令や転送命令，分岐命令などの命令の大部分を主OP部で示す．副OP部では，算術演算命令の中の減算とか加算等を意味する．COMETでは，23種類の命令が用意されている．

② GRフィールド

　COMETには，いろいろな用途に用いることができる汎用レジスタ（GR：General Register）が5個あるが，その番号（0〜4）を指定する．

③ XR フィールド

GRの1番から4番は指標修飾を行うための指標レジスタ（XR：indeX Register）としても用いられる．この番号（1～4）を指定する．0のときは指標修飾はない．

④ ADR フィールド

処理の対象となる主記憶装置のアドレスを指定する．相対アドレスで示され，指標レジスタによりアドレス修飾される場合もある．

制御方式は逐次制御（sequential control）方式を採用している．すなわち，主記憶装置に格納されたプログラムは順番に読み出されて処理される．プログラムはオペレーティング・システム（OS：Operating System）により自動的に起動されるものとする．また，プログラムが格納されるアドレスは定まってはいないが，ベース・レジスタ方式を採用しているものとする．ここで，オペレーティング・システムとは，"プログラムの実行を制御し，スケジューリング，入出力制御，記憶域割当て，データ管理，コンパイル，デバッグ，課金処理および諸サービスを提供するソフトウェア"（JIS情報処理用語　JIS C 6230-1977）と定義されている．

入出力装置からのデータの入出力はマクロ命令（macro instruction）で行われるものとする．マクロ命令とは，ソースプログラムに書かれる1つの命令であるが，機械語に翻訳されたときにいくつかの機械語命令の組になる．入出力のマクロ命令が現れると，媒体や装置に対応した機械語の命令群が自動的に生成されるものとする．

### 8.1.2 レジスタ

仕様書中に示されるレジスタとして基本的に5種類ある．その中で汎用レジスタ（GR）が5個あり，それぞれGR 0～GR 4と名称がついている．GRは16ビットのレジスタであり，GR 1～GR 4は指標レジスタ（XR）としても用いることができる．また，GR 4はスタック・ポインタ（SP：Stack Pointer，後述）としても用いられる．さらに，プログラム・カウンタ（PC：Program Counter）とフラグ・レジスタ（FR：Flag Register）がある．PCは命令の実行順序を逐次制御するためのものであり，その時その時の実行中の命令が記憶されている主記憶装置の先頭番地がセットされている．1命令（32ビット，

表8.1 フラグ・レジスタの値

| | 演算後GRに設定されたデータ | | | 比較結果 | | |
|---|---|---|---|---|---|---|
| | 正 | 零 | 負 | (GR) ><br>(実効アドレス) | (GR) =<br>(実効アドレス) | (GR) <<br>(実効アドレス) |
| FRの値 | 00 | 01 | 10 | 00 | 01 | 10 |

2番地分）の実行が終了するとPCの値は自動的に＋2される．FRは2ビットのレジスタであり，演算した結果の内容が正，負，零によりビットがセットされるものである．また，GRの内容と実行アドレスの内容を比較したときもその値がセットされる．これを表8.1にまとめて示す．

この他に，インストラクション・レジスタ（IR：Instruction Register），基底レジスタ（BR：Base Register），メモリ・データ・レジスタ（MDR：Memory Data Register，メモリ・レジスタともいう），メモリ・アドレス・レジスタ（MAR：Memory Address Register）があると考えればわかりやすい．図8.1には，特にBRは示していない．

### 8.1.3 スタック

一般にプログラムは，プログラムの中心的な部分である主プログラム（main program）とサブルーチン（subroutine）から構成される．プログラムを構成する基本単位をルーチンとか，プロシージャ（procedure）という．プログラムの中に，同一処理のルーチンが何回か現れてくることがある．このとき，何回もそれを書くのでは非常に面倒である．このため，そのルーチンを独立したプログラムとし，必要の都度主プログラムから呼び出し（call）して用いればよい．このルーチンをサブルーチンという．図8.4に，サブルーチン化することによりプログラムが短く手数が少なくなることを示す．

主プログラムからサブルーチンへ制御が移る（飛ぶ）とき，サブルーチンを処理した後に主プログラムのどこに（何番地の命令に）戻ればよいか記憶しておかねばならない．この"戻り番地"を記憶しておく場所がスタック（stack）である．サブルーチンがまた別のサブルーチンを呼び出したりすると非常に混乱してくる．COMETでは，スタックは主記憶装置上の適当な場

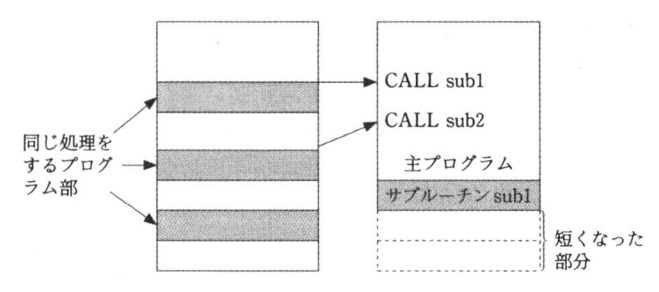

**図 8.4** 主プログラムとサブルーチン

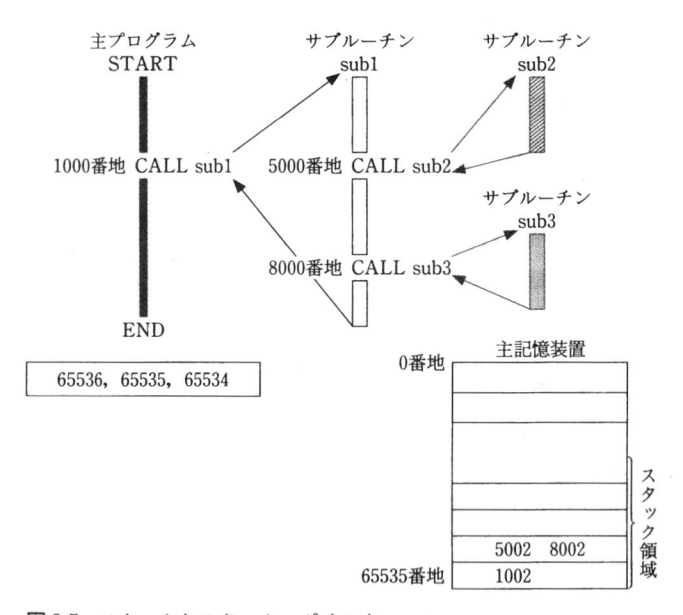

**図 8.5** スタックとスタック・ポインタ

所にオペレーティングシステムにより設定される．実際上は，最高番地である 65535 番地から低番地側に戻り，番地が記憶されていくものと考えればよい．スタック領域はプログラムを処理する上で十分にあるものとする．この"戻り番地"が入っているスタック領域の最も若い番地を記憶しておくレジスタがスタック・ポインタ (SP) である．

今，一例として図 8.5 に示すようなプログラムの処理を考える．主プログラムの処理途中でサブルーチン sub 1 に飛ぶ命令（1000 番地）があると，その

命令の次の命令が入っている番地は1002番地である．この番地が，sub 1 を処理後，主プログラムに戻ってきたときに実行する命令の番地である．この1002を65535番地に格納する．スタック・ポインタにはスタック領域の最高番地+1の値（65536）があらかじめ入っており，その値から1を引くことにより65535が導出される．もし，sub 1 の処理が終了してサブルーチンから主プログラムへ戻る命令（RET命令：RETurn）により，主プログラムに戻るとき，SPの中をみて65535番地に"戻り番地"が入っていることがわかり，65535番地の内容である1002番地に戻る．この例においては，sub 1 の途中でsub 2 に飛ぶ命令（5000番地に格納されている）がある．このとき，5002番地が戻ったときに実行する命令が格納されている番地である．この値をスタックの65534番地に格納する．この値はSPの内容から-1することにより求まる．sub 2 を処理してsub 1 に戻るとき，SPの内容は65534であるから，スタック領域の65534番地に格納されている値である5002番地の命令（sub 1 のCALL sub 2 の次の命令）を実行することになる．このとき，SPの内容を+1しておく．SPの動きをまとめると

---

サブルーチンに飛ぶとき
　　(SP)-1 して，その値を示す番地に"戻り番地"を格納
サブルーチンから戻るとき
　　(SP)の示す番地の値に制御を移し，(SP)+1

---

となる．ここで，(SP)はSPの内容を意味する．8000番地に再びCALL sub 3 があるので(SP)-1 し，その結果である65534番地に"戻り番地"である8002を格納する．このとき，先に記憶していた5002は消えてなくなる．sub 3 を終了後8002番地に制御を移し，sub 1 終了後，主プログラムの1002番地に戻ってくる．

このように，スタックでは後で入力されたデータが先に取り出される．これを後入れ先出し（LIFO：Last In First Out）という．SPはスタックの最上段のアドレスを指示している．これに対して先入れ先出し（FIFO：First In First Out）もある．これは，主記憶装置上に古くから記憶されているプログラムを追い出すときなどに用いられる．

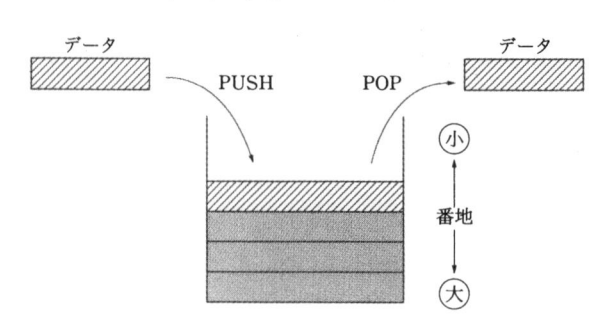

図 8.6 スタックとその操作命令

　サブルーチンへジャンプするときのみスタックを利用するのではなく，レジスタの値を一時退避しておくとき等にも利用される．このとき，スタック操作命令として PUSH と POP がある．PUSH は (SP) から 1 を引き，実効アドレスをスタックに格納する．POP 命令は，命令で指定された GR にスタックの値をセットした後 (SP) に 1 を加える．すなわち，PUSH はスタックにデータを積み重ねる命令であり，POP はスタックの 1 番上にあるデータを取り出す命令である．これを図 8.6 に示す．

## 8.2　CASL 命令

　CASL の命令を大きく分けると次の 3 種類から構成され，全部で 23 個の命令がある．
　　　疑似命令　　START, END, DS, DC
　　　マクロ命令　IN, OUT, EXIT
　　　機械語命令　LD, ST, LEA … 等合計 23 種類

### 8.2.1　疑似命令とマクロ命令

　疑似命令は，アセンブリ言語で書いたソース・プログラムを機械語に翻訳するアセンブラ (assembler) に対する制御，プログラム中で必要となる定数や領域の確保，主プログラムとサブルーチンを連結するとき等の必要なデータの生成を行う．表 8.2 に個別の命令とその機能を示す．

## 表 8.2 疑似命令とその機能

| 疑似命令 | 機　　能 |
|---|---|
| START | プログラムの先頭の定義<br>プログラムの実行開始番地の定義<br>他のプログラムとの連結のための入口名の定義 |
| END | プログラムの終りの定義 |
| DS | 領域の確保 |
| DC | 定数の定義 |

## 表 8.3 マクロ命令とその機能

| マクロ命令 | 機　　能 |
|---|---|
| IN | 入力 |
| OUT | 出力 |
| EXIT | プログラムの実行終了 |

　マクロ命令（macro instruction）は，本来ソース・プログラム中の1つの命令であり，同じ言語中で定義された一連の命令によって置き換えられるべきものである．言い換えるとCASLにおけるマクロ命令は，あらかじめ定義された命令群とオペランドの情報により，目的の機能を果たす命令群を生成する．

　CASLで用意されているマクロ命令には，入出力およびプログラムの終了などを行う3つの命令が用意されている．CASLでは，機械語の入出力命令などを定義していないので，このような処理はオペレーティングシステムに任せる．マクロ命令が現れるとCASLは，オペレーティングシステムを呼ぶための命令群を生成する．ただし，生成される命令群の語数は不定とする．

　マクロ命令を実行すると，GRの内容は保存されるが，FRの内容は不定となる．表 8.3 にマクロ命令とその機能を示す．

### 8.2.2 機械語命令

　COMETで用いられるCASLの機械語命令は23種類ある．これを，表 8.4 にまとめて示す．表中で，(GR) とはGRの内容を意味している．また，[，XR] などのように [　] に囲まれた部分は省略可能であることを示す．

## 表 8.4 機械語命令

| 分類 | 命令 | 書き方 ニモニック | 書き方 オペランド |
|---|---|---|---|
| ロード, ストア | ロード LoaD | LD | GR,adr[,XR] |
| | ストア STore | ST | GR,adr[,XR] |
| ロードアドレス | ロードアドレス Load Effective Address | LEA | GR,adr[,XR] |
| 算術, 論理演算 | 算術加算 ADD arithmetic | ADD | GR,adr[,XR] |
| | 算術減算 SUBtract arithmetic | SUB | GR,adr[,XR] |
| | 論理積 AND | AND | GR,adr[,XR] |
| | 論理和 OR | OR | GR,adr[,XR] |
| | 排他的論理和 Exclusive OR | EOR | GR,adr[,XR] |
| 比較演算 | 算術比較 ComPare Arithmetic | CPA | GR,adr[,XR] |
| | 論理比較 ComPare Logical | CPL | GR,adr[,XR] |
| シフト演算 | 算術左シフト Shift Left Arithmetic | SLA | GR,adr[,XR] |
| | 算術右シフト Shift Right Arithmetic | SRA | GR,adr[,XR] |
| | 論理左シフト Shift Left Logical | SLL | GR,adr[,XR] |
| | 論理右シフト Shift Right Logical | SRL | GR,adr[,XR] |
| 分岐 | 正分岐 Jump on Plus or Zero | JPZ | adr[,XR] |
| | 負分岐 Jump on MInus | JMI | adr[,XR] |
| | 非零分岐 Jump on Non Zero | JNZ | adr[,XR] |
| | 零分岐 Jump on ZEro | JZE | adr[,XR] |
| | 無条件分岐 unconditional JuMP | JMP | adr[,XR] |
| スタック操作 | プッシュ PUSH effective address | PUSH | adr[,XR] |
| | ポップ POP up | POP | GR |
| コール, リターン | コール CALL subroutine | CALL | adr[,XR] |
| | リターン RETurn from subroutine | RET | |

8.2 CASL命令

| 命令の説明 | 機械語コード 2進 | 16進 |
|---|---|---|
| （実行アドレス）をGRに設定する． | 0001 0000 | 10 |
| （GR）を実効アドレスが示す番地に格納する． | 0001 0001 | 11 |
| 実効アドレスをGRに設定する．<br>GRの値によりFRを設定する． | 0001 0010 | 12 |
| （GR）と（実効アドレス）に，指定した演算を施し，結果をGRに設定する．<br>なお，算術減算では，（GR）から（実効アドレス）を減算する．<br>演算結果によりFRを設定する． | 0010 0000 | 20 |
| | 0010 0001 | 21 |
| | 0011 0000 | 30 |
| | 0011 0001 | 31 |
| | 0011 0010 | 32 |
| （GR）と（実効アドレス）の算術比較または論理比較を行い，比較結果によりFRに次の値を設定する． | 0100 0000 | 40 |
| 比較結果 / FRのビット値<br>（GR）＞（実効アドレス）　00<br>（GR）＝（実効アドレス）　01<br>（GR）＜（実効アドレス）　10 | 0100 0001 | 41 |
| （GR）を符号を除き実効アドレスで指定したビット数だけ左または右にシフトする．<br>シフトの結果，空いたビット位置には，左シフトのときは0，右シフトのときは符号と同じものが入る．<br>シフトの結果によりFRを設定する． | 0101 0000 | 50 |
| | 0101 0001 | 51 |
| （GR）を符号を含み実効アドレスで指定したビット数だけ左または右にシフトする．<br>シフトの結果，空いたビット位置には0が入る．<br>シフトの結果によりFRを設定する． | 0101 0010 | 52 |
| | 0101 0011 | 53 |
| FRの値により，実効アドレスに分岐する．分岐しないときは次の命令に進む． | 0110 0000 | 60 |
| 命令 / 分岐するときのFRの値<br>JPZ　00, 01<br>JMI　10<br>JNZ　00, 10<br>JZE　01 | 0110 0001 | 61 |
| | 0110 0010 | 62 |
| | 0110 0011 | 63 |
| | 0110 0100 | 64 |
| SPから1をアドレス減算した後，実効アドレスを（SP）番地に格納する． | 0111 0000 | 70 |
| （SP）番地の内容をGRに設定した後，SPに1をアドレス加算する． | 0111 0001 | 71 |
| SPから1をアドレス減算した後，PCの現在値に2をアドレス加算した値を（SP）番地に格納し，実効アドレスに分岐する． | 1000 0000 | 80 |
| （SP）番地の内容を取り出した後，SPに1をアドレス加算し，先に取り出した内容（番地）に分岐する（取り出した内容をPCに設定する．） | 1000 0001 | 81 |

XRを省略することは指標修飾を行わないことである．ニモニック（mnemonic）は，プログラムを記述するときに用いる記号である．機械語コード（OP部：OPeration code）は主OPと副OPから構成され，ニモニックは機械語に翻訳されたときのコードを表す．このコードは説明上付したものである．

すべてのCASL命令は図8.7のような形式をとる．ラベル（label）とは，その命令が記憶されている先頭番地を示す記号である．これは，「BANCHI」というように6文字以内の記号で書く．この記号で絶対番地を指すことができる．このため，いちいち命令やデータが記憶されている絶対番地を覚えている必要はない．ラベルは必要に応じて付ければよい．ニモニックは表8.4に示したように，実際にプログラムに書く命令である．オペランド（operand）とは，演算されるものという意味で演算数とも呼ばれる．この部分で演算される番地やGRが指定される．注釈部は，その命令の説明をプログラム上に記述しておくときに用いるもので，プログラム処理には全く影響を与えない．注釈を書くときは，その前にセミコロン［；］を書いておかねばならない．

一例として，加算命令を示す．GR1とRSV番地から2番地先の番地（RSV＋2番地）の内容を加算し，結果をGR1に格納する命令を示すと，次のようになる．ただし，この命令が記憶される先頭番地を×××とし，GR2は指標レジスタとして用いられ，あらかじめ2が格納されているものとする．

   ×××  ADD  GR1, RSV, GR2

実際に，この命令を図8.3に準じて機械語に変換してみる．×××は，この命令が格納される番地に付した名称であるから省略する．またRSVを1024番地とする．結果を図8.8に示す．アセンブリ言語で書かれた順序と少し違うので注意を要する．

簡単なCASLプログラムの例を示し，その概略を説明する．図8.9に1＋1＝2を求めるプログラムを示す．START命令により，プログラムの記述がはじまることを示す．次のLEA命令によりGR1に1というデータ値を入れる．さらにGR2にも1を入れる．ST命令により，GR1の値をWORKという領域に格納する．ADD命令により，WORKの内容がGR2に加えられる．すなわち，GR2に結果が残ることになる．EXIT命令によりこのプログラムで実行するものがなくなったことをオペレーティング・システムに知らせる．DS

| ラベル | ニモニック | オペランド | ;注 釈 |

**図 8.7** CASL 命令の形式

| 0 | 1 | 2 | 3 | 4 | 5 | 6 | 7 | 8 | 9 | 10 | 11 | 12 | 13 | 14 | 15 | 16 | 17 | 18 | 19 | 20 | 21 | 22 | 23 | 24 | 25 | 26 | 27 | 28 | 29 | 30 | 31 | ←ビット番号 |
|---|---|---|---|---|---|---|---|---|---|---|---|---|---|---|---|---|---|---|---|---|---|---|---|---|---|---|---|---|---|---|---|---|
| | | OP | | | | | | | | GR | | | | XR | | | | | | | | ADR | | | | | | | | | | ←フィールド名 |
| 0 | 0 | 1 | 0 | 0 | 0 | 0 | 0 | 0 | 0 | 0 | 1 | 0 | 0 | 1 | 0 | 0 | 0 | 0 | 0 | 0 | 1 | 0 | 0 | 0 | 0 | 0 | 0 | 0 | 0 | 0 | 0 | ←機械語 |

**図 8.8** ADD 命令の機械語

```
EX00    START               ; START
        LEA     GR1, 1      ; (GR1) ← 1
        LEA     GR2, 1      ; (GR2) ← 1
        ST      GR1, WORK   ; WORK ← (GR1)
        ADD     GR2, WORK   ; GR2 ← GR2 + (WORK)
        EXIT
WORK    DS      1
        END
```

**図 8.9** CASL プログラム例

| 番地 | 命令 |
|---|---|
| 0400 | 12100001 |
| 0402 | 12200001 |
| 0404 | 1110000A |
| 0406 | 2020000A |
| 0408 | |
| 040A | 0001 |

**図 8.10** 図 8.9 の機械語プログラム

は1番地分確保しておき，その番地に WORK と名前を付けている．この番地は，加える数である1を入れるために領域をとっておくものである．ENDは，プログラムの記述の終りを示す．すなわち，START 命令と END 命令はプログラムの始まりと終りであり，それをアセンブラに知らせるために記述されたものである．よって直接機械語命令には変換されない．

図 8.10 に翻訳されたプログラムを示す．このプログラムは 1024 番地から格納されているものとする．ただし，内容は 16 進数で示している．プログラムを格納する番地は，オペレーティング・システムが自動的に決めてくれる．なお，CASL ではレジスタ間同士の演算を行う命令は用意されていない．

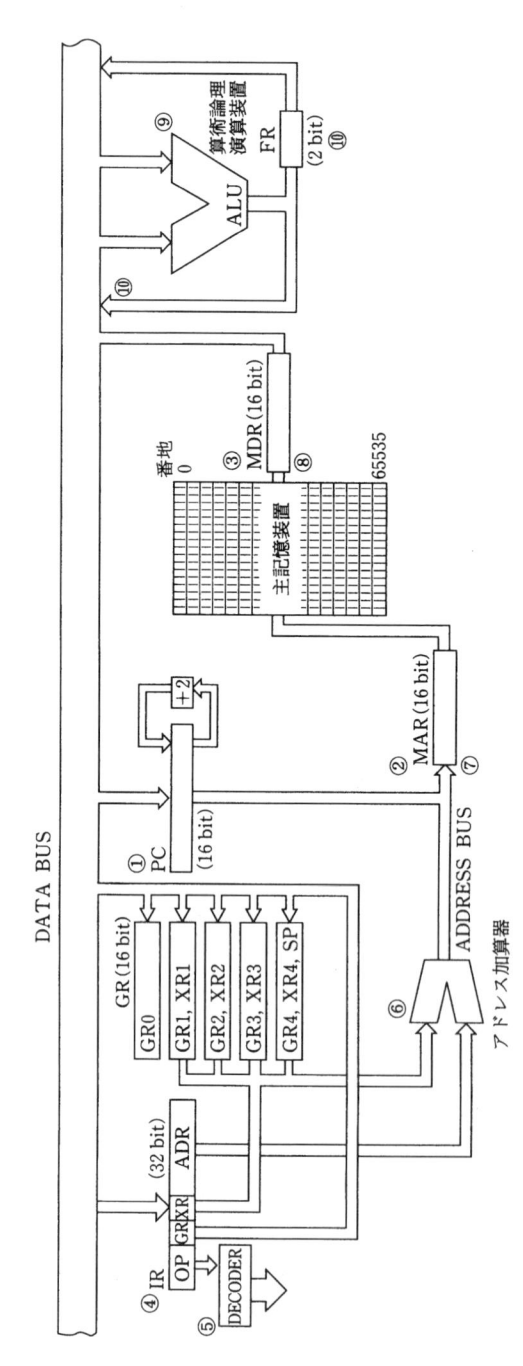

図 8.11 COMET の命令の実行制御

## 8.3 命令の実行制御

図 8.8 で示した加算命令を実行した場合の CPU の制御過程を図 8.11 を用いて示す．これは，図 8.1 と同じものである．今，加算命令が 500 番地と 501 番地に格納されているとする．①まず PC には 500 番地が設定される．②その後，MAR に 500 がセットされメモリのアドレス指定が行われる．③ 500 番地と 501 番地の内容が 2 回に分けて MDR に転送され，データ・バス（data bus）に乗せられ，④ IR に取り込まれる．IR には図 8.8 に示した機械語のビット列が格納される．⑤ OP 部の 8 ビットがデコーダにより解読され，加算命令であることが判定される．加算を行うための種々の制御信号がデコーダより各装置に出力される．これと平行して，⑥実効アドレスを求める．実効アドレスは次の式から求まる．

　　　実効アドレス＝（基底レジスタ）＋（XR）＋（ADR）

例えば，（基底レジスタ）＝256，（XR）＝ 2 ，（ADR）＝1024 とすると実効アドレスは 1282 番地となる．⑦ 1282 番地が MAR にセットされ，主記憶装置のデータが入っているアドレスの指定を行う．⑧ 1282 番地の内容が MDR に取り込まれる．⑨ IR の GR 部の値が 1 であるので，GR1 の内容と MDR に取り込まれた 1282 番地の内容が算術論理演算装置（ALU）で加算される．⑩結果をデータ・バスにより GR1 に格納すると同時に FR をセットする．また PC を＋ 2 する．これで 1 命令の実行が終了したことになる．再び①から始まることによりプログラムが実行される．

**問題 8.1**　GR1 に 2 を入れ，その後 GR2 に 1 を入れて 2 － 1 を行い，結果を GR1 に残すプログラムを図 8.9 に示したプログラムに準じて書きなさい．

## 演習問題

**8.1**　プログラミング技法との結び付きの強いハードウェア機能に関する次の設問に答えなさい．
　　a　汎用レジスタの使用目的として最も適切なものを解答群の中から 3

つ選びなさい．
b 指標レジスタ（インデックスレジスタ）の使用目的として最も適切なものを解答群の中から1つ選びなさい．
c スタックの使用目的として最も適切なものを解答群の中から1つ選びなさい．

〔aに関する解答群〕
ア　アドレス修飾
イ　サブルーチン呼出しの際の復帰先番地の設定
ウ　四則演算　　　エ　次に実行すべき命令語の一時的保持
オ　計時機構　　　カ　入出力命令実行時のブロック長の保持
キ　プログラムの状態を示す語（PSW）の保持

〔bに関する解答群〕
ア　アドレス修飾　　　　　イ　加減算
ウ　基底アドレスの保持　　エ　次に実行すべき命令語の番地の保持

〔cに関する解答群〕
ア　後入れ先出し（LIFO＝Last In First Out）の制御
イ　加減算の高速化　　ウ　計時機構　　エ　排他制御

8.2 付録に示した仕様のアセンブラ言語CASLが使用できる計算機COMETがある．その説明と次のプログラムの説明およびプログラムを読んで設問に答えなさい．

〔プログラムの説明〕
このプログラムは，8桁の数字データを入力し，ゼロ抑制処理を行った後，結果を表示するプログラムである．ゼロ抑制処理とは，先頭にある"0"を，"0"以外の数字が現れるまで間隔文字（スペース）に置き換える処理である．

(1) 例
　　入力データ　00001004
　　結果の表示　△△△△1004　　△は間隔文字を示す．
(2) 入力桁数が8桁以外のときは，エラー表示をし，再入力を要求する．
(3) 全桁"0"のデータを入力したときは，最後の"0"だけを表示する．

(4) 復帰符号だけを入力すると，このプログラムは終了する．
(5) 数字以外のデータは入力されないものとする．

〔設問〕
次の CASL プログラム中の ☐ を埋めてプログラムを完成しなさい．
なお，ラベルは手続き上必要でない限りつけないこと．

〔プログラム〕

| ラベル | 命令コード | オペランド | 説　　明 |
|---|---|---|---|
| PROG1 | START | BEGIN | |
| BEGIN | IN | INBUF, LENG | データの入力 |
| | (1) | | |
| | CPA | GR3, C0 | 復帰符号入力？ |
| | JZE | LAST | |
| | CPA | GR3, C8 | 入力けた数＝8？ |
| | JZE | GOOD | |
| | OUT | ERMSG, C9 | 入力エラー |
| | JMP | BEGIN | |
| GOOD | LD | GR0, ZERO | レジスタの初期設定 |
| | (2) | | (GR0, GR1, GR2) |
| | LD | GR2, SPACE | |
| LOOP | CPA | GR1, C7 | 7けた分終了？ |
| | JPZ | OUTPUT | |
| | CPL | GR0, INBUF, GR1 | 入力データ＝'0'？ |
| | JNZ | OUTPUT | |
| | (3) | | ゼロ抑制 |
| | LEA | GR1, 1, GR1 | 入力データの指標更新 |
| | JMP | LOOP | |
| OUTPUT | OUT | INBUF, C8 | 結果の表示 |
| | JMP | BEGIN | |
| LAST | EXIT | | |
| LENG | DS | 1 | |
| INBUF | DS | 80 | |
| ZERO | DC | '0' | |
| SPACE | DC | ' ' | |
| C0 | DC | 0 | |
| C7 | DC | 7 | |
| C8 | DC | 8 | |
| C9 | DC | 9 | |
| ERMSG | DC | 'ニュウリョクエラー' | |
| | END | | |

## 付録

# アセンブラ言語の仕様

(通産省第2種情報処理技術者試験問題より)

## 1 ハードウェア COMET の仕様

### 1.1 処理装置

(1) COMET は，1語 16 ビットの計算機であって，アクセスできるアドレスは 0 番地から 65535 番地までである．

(2) 1 語のビット構成は，次のとおりである．

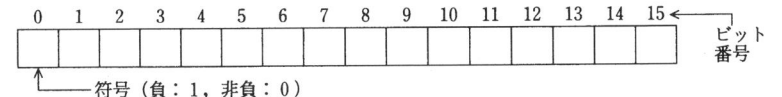

| 0 | 1 | 2 | 3 | 4 | 5 | 6 | 7 | 8 | 9 | 10 | 11 | 12 | 13 | 14 | 15 |←ビット番号

↑——符号（負：1，非負：0）

(3) 数値は，16 ビットの 2 進数によって表現する．負数は 2 の補数表示である．

(4) 制御方式は逐次制御で 2 語長の命令語を持つ．

(5) レジスタとして，GR（16 ビット），PC（16 ビット），FR（2 ビット）を持つ．

　GR（汎用レジスタ，general register）は 5 個あり，汎用レジスタ 0 番から 4 番までとする．この 5 個のレジスタは，算術，論理，比較，シフト演算などに用いる．このうち，1 番から 4 番までのレジスタは，指標レジスタ（index register）としても用いる．また 4 番のレジスタは，更にスタックポインタ（stack pointer）として用いる．

　スタックポインタは，スタックの最上段（stack top）のアドレスを保持しているレジスタである．

　PC（プログラムカウンタ，program counter）は，実行中の命令語の先頭アドレスを保持し，命令の実行が終わると，次に実行する命令語の先頭アドレスが設定される．一般に，命令の実行が終わると PC に 2 がアドレス加算（注）され，分岐，コール，リターン命令の場合は，新たに分岐先のアドレスが設定される．

　FR（フラグレジスタ，flag register）は，ロードアドレス命令及び算術，論理，シフトの各演算命令の実行の結果，GR に設定されたデータが，負，零，正のいずれであるかの情報，または比較演算命令の実行によって得られた，2 数間の大小関係の情報を保持する．

---

(注) アドレス加算：被演算データを符号のない数値とみなし，その和を 65536 で割った剰余（和の下位 16 ビット）を値とする．アドレス減算もこれに準じた定義とする．

すなわち，実行結果によって，FR は次の表のとおり設定される（ただし，比較については，「1.2(4)の比較演算命令」参照）．

下の表で，負は GR の符号ビットが 1，零は GR の全ビットが 0，正は符号ビットが 0 で，かつ零でないデータをいう．

FR の第 1（左端の）ビットは GR の符号を示し，第 2 ビットは GR が零か否かを示す．

FR の値は，条件付き分岐命令で参照する．

その他の命令の実行によって，FR の値は変更されない．

|  | GR に設定されたデータ | | |
|---|---|---|---|
|  | 負 | 零 | 正 |
| FR の値 | 10 | 01 | 00 |

(6) 命令語の構成

2 語長の命令語を持つ．その構成については定義しない．

(7) 命令の表記

各命令の説明には，次の表記法を用いる．

- GR　　　　GR の値を番号とする汎用レジスタ（ただし，0≦GR≦4）
- XR　　　　XR の値を番号とする指標レジスタ（ただし，1≦XR≦4）
- SP　　　　スタックポインタ（汎用レジスタ 4 番）
- adr　　　ラベル名（ラベル名に対応する番地を示す）または 10 進定数（ただし，−32768≦adr≦65535 とする．adr はアドレスとして 0〜65535 の値を持つが，32768〜65535 の値を負の 10 進定数で記述することもできる．）
- 有効アドレス　adr と XR の内容とのアドレス加算値またはその値が示す番地
- (X)　　　X 番地の内容，X がレジスタの場合はレジスタの内容
- [ ]　　　[ ] に囲まれた部分は，省略可能であることを示す．
　　　　　　XR を省略した場合は，指標レジスタによる修飾を行わない．

## 1.2 命令

命令およびその機能を示す．命令は，アセンブラ表記法で記述する．

| 命令 | 書き方 | | 命令の説明 |
|---|---|---|---|
|  | 命令コード | オペランド |  |

(1) ロード，ストア命令

| 命令 | 命令コード | オペランド | 説明 |
|---|---|---|---|
| ロード<br>LoaD | LD | GR,adr [,XR] | (有効アドレス) を GR に設定する． |
| ストア<br>STore | ST | GR,adr[,XR] | (GR) を有効アドレスが示す番地に格納する． |

(2) ロードアドレス命令

| 命令 | 命令コード | オペランド | 説明 |
|---|---|---|---|
| ロードアドレス<br>Load Effective Adress | LEA | GR,adr [,XR] | 有効アドレスを GR に設定する．<br>GR の値によって FR を設定する． |

## (3) 算術, 論理演算命令

| | | |
|---|---|---|
| 算術加算<br>ADD arithmetic | ADD　GR,adr [,XR] | (GR) と (有効アドレス) に, 指定した演算を施し, 結果を GR に設定する.<br>なお, 算術減算では, (GR) から (有効アドレス) を減算する.<br>演算結果によって FR を設定する. |
| 算術減算<br>SUBtract arithmetic | SUB　GR,adr [,XR] | |
| 論理積<br>AND | AND　GR,adr [,XR] | |
| 論理和<br>OR | OR　GR,adr [,XR] | |
| 排他的論理和<br>Exclusive OR | EOR　GR,adr [,XR] | |

## (4) 比較演算命令

| | | |
|---|---|---|
| 算術比較<br>ComPare Arithmetic | CPA　GR,adr [,XR] | (GR) と (有効アドレス) の算術比較または論理比較を行い, 比較結果によって FR に次の値を設定する. |
| 論理比較<br>ComPare Logical | CPL　GR,adr [,XR] | |

| 比較結果 | FR のビット値 |
|---|---|
| (GR) > (有効アドレス) | 00 |
| (GR) = (有効アドレス) | 01 |
| (GR) < (有効アドレス) | 10 |

## (5) シフト演算命令

| | | |
|---|---|---|
| 演算左シフト<br>Shift Left Arithmetric | SLA　GR,adr [,XR] | (GR) を符号を除き有効アドレスで指定したビット数だけ左または右にシフトする.<br>シフトの結果, 空いたビット位置には, 左シフトのときは0, 右シフトのときは符号と同じものが入る.<br>シフトの結果によって FR を設定する. |
| 算術右シフト<br>Shift Right Arithmetic | SRA　GR,adr [,XR] | |
| 論理左シフト<br>Shift Left Logical | SLL　GR,adr [,XR] | (GR) を符号を含み有効アドレスで指定したビット数だけ左または右にシフトする.<br>シフトの結果, 空いたビット位置には 0 が入る.<br>シフトの結果によって FR を設定する. |
| 論理右シフト<br>Shift Right Logical | SRL　GR,adr [,XR] | |

## (6) 分岐命令

| | | |
|---|---|---|
| 正分岐<br>Jump on Plus or Zero | JPZ　adr [,XR] | FR の値によって, 有効アドレスに分岐する. 分岐しないときは次の命令に進む. |
| 負分岐<br>Jump on MInus | JMI　adr [,XR] | |
| 非零分岐<br>Jump on Non Zero | JNZ　adr [,XR] | |
| 零分岐<br>Jump on ZEro | JZE　adr [,XR] | |
| 無条件分岐<br>unconditional JuMP | JMP　adr [,XR] | 無条件に有効アドレスに分岐する. |

| 命令 | 分岐するときの FR の値 |
|---|---|
| JPZ | 00, 01 |
| JMI | 10 |
| JNZ | 00, 10 |
| JZE | 01 |

(7) スタック操作命令

| プッシュ<br>PUSH effective adress | PUSH adr [,XR] | SPから1をアドレスに減算した後，有効アドレスを(SP)番地に格納する． |
| --- | --- | --- |
| ポップ<br>POP up | POP　GR | (SP)番地の内容をGRに設定した後，SPに1をアドレス加算する． |

(8) コール，リターン命令

| コール<br>CALL subroutine | CALL adr [,XR] | SPから1をアドレス減算した後，PCの現在値に2をアドレス加算した値を(SP)番地に格納し，有効アドレスに分岐する． |
| --- | --- | --- |
| リターン<br>RETurn from subroutine | RET | (SP)番地の内容を取り出した後，SPに1をアドレス加算し，先に取り出した内容（番地）に分岐する（取り出した内容をPCに設定する）． |

## 1.3 文字の組

COMETはJIS X0201 ローマ字・片仮名用8単位符号で規定する文字の組を持つ．次に符号表の一部を示す．この表にない文字が必要な場合には，その文字のビット構成を，問題中で与える．

〔表の説明〕

1文字は8ビットからなり，上位4ビットを列で，下位4ビットを行で示す．例えば，間隔，3，F，Zのビット構成は，16進表示で，それぞれ20，33，46，5Aである．

16進表示で，ビット構成が21～5F，60～7E，A1～DFに対応する文字を図形文字という．この表では，60～7E（英小文字などの定義），A1～DF（仮名文字などの定義）に対応する文字の部分は省略している．

図形文字は，CRTやタイプライタなどの表示装置で，文字として表示（印字）することができる．

| 行＼列 | 02 | 03 | 04 | 05 |
| --- | --- | --- | --- | --- |
| 0 | 間隔 | 0 | @ | P |
| 1 | ! | 1 | A | Q |
| 2 | " | 2 | B | R |
| 3 | # | 3 | C | S |
| 4 | $ | 4 | D | T |
| 5 | % | 5 | E | U |
| 6 | & | 6 | F | V |
| 7 | ' | 7 | G | W |
| 8 | ( | 8 | H | X |
| 9 | ) | 9 | I | Y |
| 10 | * | : | J | Z |
| 11 | + | ; | K | [ |
| 12 | , | < | L | ¥ |
| 13 | - | = | M | ] |
| 14 | . | > | N | ^ |
| 15 | / | ? | O | _ |

## 2 アセンブラ言語 CASL の仕様

COMET のためのアセンブラ言語は CASL といい，その仕様は次のとおりである．

### 2.1 命令の種類

CASL は，4種類の擬似命令 START，END，DS，DC，3種のマクロ命令 IN，OUT，EXIT および機械語命令（COMET の命令）からなる．

(1) 擬似命令
擬似命令は，アセンブラの制御，定数の定義，プログラム連結のために必要なデータの生成などを行う．擬似命令の機能は次の表のとおりである．

| 擬似命令 | 機　　能 |
|---|---|
| START | プログラムの先頭の定義<br>プログラムの実行開始番地の定義<br>他のプログラムとの連結のための入口名の定義 |
| END | プログラムの終わりの定義 |
| DS | 領域の確保 |
| DC | 定数の定義 |

(2) マクロ命令
マクロ命令は，あらかじめ定義された命令群とオペランドの情報によって，目的の機能を果たす命令群を生成する．

CASL で用意されているマクロ命令は，入出力およびプログラムの終了などを行う命令である．CASL では，機械語の入出力命令などを定義していないので，このような処理はオペレーティングシステムに任せる．マクロ命令が現れると CASL は，オペレーティングシステムを呼ぶための命令群を生成する．ただし，生成される命令群の語数は不定とする．

マクロ命令を実行すると，GR の内容は保存されるが，FR の内容は不定となる．

マクロ命令の機能は，次の表のとおりである．

| マクロ命令 | 機　　能 |
|---|---|
| IN | 入力 |
| OUT | 出力 |
| EXIT | プログラムの実行終了 |

(3) 機械語命令
「1.2 命令」で説明した 23 種類の機械語命令がある．

### 2.2 命令の形式

擬似命令，マクロ命令，機械語命令は，ラベル欄，命令コード欄，オペランド欄，注釈欄を持つ．各欄は，次のとおり定義する．

  ラベル欄  第1文字からラベルの文字数分（最大6文字）
  命令コード欄 ①ラベルをつけないとき 第2文字以降任意の文字位置から．
        ②ラベルをつけたとき  ラベルのあと少なくとも1つの空白をおいたあと，任意の文字位置から．

オペランド欄　命令コードのあと少なくとも1つの空白をおいたあと，第72文字までとする．次の行に継続することはできない．

注釈欄　　　行中にセミコロン（；）があると，それ以降行の終りまで注釈として扱う（ただし，DC命令の文字列中の；を除く）．
なお，第1文字位置に；がある場合，または；の前に空白しかない場合は，その行全体を注釈として扱う．
注釈欄には，処理系で許す任意の文字を書くことができる．

　CASLの各命令の形式は，次の表のとおりである．空白で示した欄は，記入してはならない．

| ラベル | 命令コード | オペランド | 読み方 |
|---|---|---|---|
| label | START | [実行開始番地] | START |
| 空白 | END | 空白 | END |
| [label] | DC | 定数 | Define Constant |
| [label] | DS | 領域の語数 | Define Storage |
| [label] | IN | 入力領域，入力文字長 | INput |
| [label] | OUT | 出力領域，出力文字長 | OUTput |
| [label] | EXIT | 空白 | EXIT |
| [label] | 機械語命令（「1.2　命令」参照） | | |

(1)　レジスタの指定

　機械語命令のオペランド欄のレジスタの指定は，汎用レジスタ番号に対応する0～4の数字で行うものとするが，次の表の記号で指定することもできる．

| レジスタの記号による指定 | 汎用レジスタ番号 |
|---|---|
| GR0 | 0 |
| GR1 | 1 |
| GR2 | 2 |
| GR3 | 3 |
| GR4 | 4 |

(2)　ラベル欄

　ラベル欄のlabelは，ラベルである．ラベルは6文字以内で，先頭の文字は英大文字でなければならない．以降の文字は英大文字，数字のいずれでもよい．DC，DS，IN，OUT，EXITおよび機械語の命令につけられたラベルは，その領域または命令語（マクロ命令のときは命令群）の先頭の語のアドレスを示す．START命令につけられたラベルは，別のプログラムから入口名として参照できる．

## 2.3　擬似命令

(1)　START　　|　[実行開始番地]

　プログラムの先頭を示す．すなわち，プログラムの最初にこれを書かなければならない．
　実行開始番地は，このプログラム内で定義されているラベル名とし，このプログラムの実行開始番地を指定する．省略した場合は，プログラムの先頭から実行を開始する．

(2)　END

　プログラムの終わりを示す．プログラムの最後にこれを書かなければならない．

(3) DC　　｜定数

定数で指定した定数データを格納する．定数には，10進定数，16進定数，文字定数，アドレス定数の4種類がある．

| 定数の種類 | 書き方 | | 命令の説明 |
|---|---|---|---|
| | 命令コード | オペランド | |
| 10進定数 | DC | n | nで指定した10進数値を1語の2進数データとして格納する．ただし，nが−32768〜32767の範囲にないときは，その下位16ビットを格納する． |
| 16進定数 | DC | #h | hは4けたの16進数（16進数字は0〜9，A〜F）とする．hで指定した16進数値を1語の2進数データとして格納する（0000≦h≦FFFF）． |
| 文字定数 | DC | '文字列' | 文字列の左端から1文字ずつ，連続する語の下位8ビットに，文字データを格納する．すなわち最初の文字は第1語の第8〜15ビットに，2番目の文字は第2語の第8〜15ビットに，…と順次，文字列の文字数分文字データを格納する．各語の第0〜7ビットには0のビットが入る．文字列には，間隔および任意の図形文字（「1.3 文字の組み」参照）を書くことができる．ただし，アポストロフィ（'）は書けない．文字列の長さは0（文字列が空）であってはならない． |
| アドレス定数 | DC | ラベル名 | ラベル名に対応するアドレス値を1語の2進数データとして格納する．ラベル名がこのプログラム内で定義されていない場合，アセンブラはアドレスの決定を保留し，アドレスの決定をオペレーティングシステムに任せる（「3.1 (5)未定義ラベル」参照）． |

(4) DS　　｜領域の語数

指定した語数の領域を確保する．

領域の語数は，10進定数（≧0）で指定する．領域の語数を0とした場合，領域は確保しない．ただし，ラベル欄のラベル名は有効である．

## 2.4　マクロ命令

(1) IN　　｜入力領域，入力文字長

あらかじめ割り当てた入力装置から入力領域に，1レコードのデータ（文字データ）を入力する（入力装置の割当てについては，「3.1 (3)入出力装置の割当て」参照）．

オペランド欄の入力領域，入力文字長には，ラベル名を書く．

入力領域は，80語長（80文字分）の作業域のラベル名とし，この領域に（先頭番地から）1文字を1語に対応させて，順次入力する．各語の第0〜7ビットには，0のビットを格納する（DC命令の文字定数に同じ）．入力したデータの長さ（入力レコードの文字数）を，入力文字長で指定した領域（1語）に2進データの形で格納する．レコードの区切符号（鍵盤入力のときの復帰符号など）は，格納しない．

入力データが80語に満たない場合，入力領域の残りの部分は実行前のデータを保持する．入力データが80文字を超える場合，以降の文字は無視する．

次の場合，入力文字長に0または−1を格納する．

　　0：空のレコードの入力（タイプライタで復帰符号だけが入力されたときなど）
　−1：EOF（end of file）が検出された（カード読取り装置など）

(2) OUT　　|出力領域,出力文字長

　出力領域に格納されているデータ（文字データ）を，あらかじめ割り当てた出力装置に1レコードとして出力する（出力装置の割当てについては，「3.1　(3)入出力装置の割当て」参照）．オペランド欄の出力領域，出力文字長にはラベル名を書く．

　出力領域は，出力しようとするデータが1文字1語で（DC命令の文字定数に同じ，ただし第0～7ビットの値は0でなくてもよい）格納されている領域のラベル名とする．出力文字長は，1レコードとして出力しようとするデータの長さ（文字数）を2進データの形で格納している領域（1語）のラベル名とする．

　出力の際，レコードの区切符号（タイプライタ出力のときの復帰符号など）が必要な場合には，オペレーティングシステムが自動的に挿入出力する．出力する各語の第0～7ビットの削除もオペレーティングシステムが行う．

(3) EXIT

　プログラムの実行を終了する（制御をオペレーティングシステムに戻す）．

## 2.5　命令，領域の相対位置

　アセンブラによって生成される命令語や領域の相対位置は，アセンブラ言語での記述順序とする．生成された命令語，領域は，主記憶上で連続した領域を占める．

# 3　CASL 利用の手引

## 3.1　オペレーティングシステム

　プログラムの実行に関して，利用者プログラムとオペレーティングシステムとの間に，次の取り決めがある．

(1) プログラムの起動

　プログラムはオペレーティングシステムによって起動される．プログラムが格納される番地は不定とするが，(2)で述べるスタック領域も含めてプログラムの実行に支障を与えないものとする．

(2) スタック領域

　プログラムの起動時に，オペレーティングシステムは，スタック領域を確保し，スタック領域の最後のアドレスに1をアドレス加算した値をSPに設定する．この領域は，プログラムでスタックとして利用される．スタック領域は，試験問題のプログラムで使用するのに十分な容量が確保されているものとする．

(3) 入出力装置の割当て

　IN命令に対応する入力装置，OUT命令に対応する出力装置の割当ては，プログラムの実行に先立ってオペレータが行う．入出力装置には，コンソール表示装置，タイプライタ，カード読取り装置，カードせん孔装置などがある．

(4) 入出力処理

　各種の入出力装置からのデータの入出力は，IN，OUTマクロ命令で行うが，媒体や装置による入出力手続きの違いはすべてオペレーティングシステムが吸収し，システムの標準手

続き（異常処理を含む），標準形式で入出力を行う．したがって，このマクロ命令の利用者は，入出力装置の違いを意識する必要はない．

(5) 未定義ラベル

アセンブラは，機械語命令のオペランド中のラベル，DC命令のアドレス定数のラベルのうち，そのプログラム内で定義されていないラベルを，他のプログラムのSTART命令のラベル（他のプログラムの入口名）と解釈する．

この場合，アセンブラはアドレスの決定を保留し，その決定をオペレーティングシステムに任せる．オペレーティングシステムは，実行に先立って他のプログラムのSTART命令のラベルとの結合処理を行いアドレスを決定する（プログラムの連結）．

### 3.2 未定義事項

プログラムの実行等に関し，本仕様で定義しない事項は，処理系によるものとする．

## 4 ハードウェアCOMETの拡張仕様

### 4.1 処理装置

COMETの仕様に追加する機能は，次のとおりである．

(1) 割込み機能

① 割込み要求を8本持ち，割込みに入っている割込み要求信号が立ち下がると，割込み要求を保持する．

② 割込みには，マスク機能があり，MR（マスクレジスタ）のデータが1のとき，割込み要求をマスクすることができる．MRは次のように割込み要求信号と対応している．

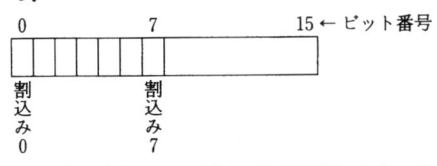

```
0       7       15 ← ビット番号
┌─┬─┬─┬─┬─┬─┬─┬─┬─┬─┬─┬─┬─┬─┬─┬─┐
└─┴─┴─┴─┴─┴─┴─┴─┴─┴─┴─┴─┴─┴─┴─┴─┘
 割             割
 込             込
 み             み
 0              7
```

③ EI命令を実行すると割込み許可状態になり，DI命令を実行すると割込み禁止状態となる．

④ FR（フラグレジスタ）は，ビットごとに次のような意味を持つ．

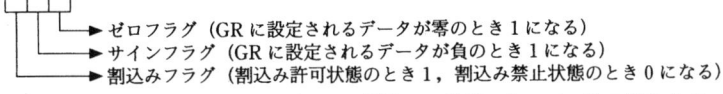

- ゼロフラグ（GRに設定されるデータが零のとき1になる）
- サインフラグ（GRに設定されるデータが負のとき1になる）
- 割込みフラグ（割込み許可状態のとき1，割込み禁止状態のとき0になる）

したがって，GRに設定されるデータや割込みの状態によって，次の値をとる．

|            | GRに設定されたデータ | | |
|------------|------|------|------|
|            | 負 | 零 | 正 |
| 割込み禁止状態 | 010 | 001 | 000 |
| 割込み許可状態 | 110 | 101 | 100 |

⑤ 割込み許可状態で割込み要求が保持されており，かつ MR の該当ビットが 0（マスクされていない）のとき，次の優先順位で割込みが受け付けられる．
(優先度大)　0＞1＞2＞3＞4＞5＞6＞7　(優先度小)
⑥ 受け付けられた割込み要求保持は，クリアされる．
⑦ 割込みを受け付けると，直ちに割込み禁止状態となり，次の順序で各レジスタの内容の退避および更新が行われる．
　ア．GR 0 の内容は（SP）－1 番地に退避される．
　イ．FR の内容は（SP）－2 番地に次のように退避される．

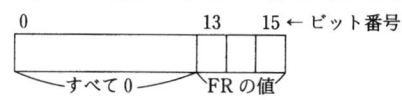

```
0                13    15 ← ビット番号
┌────────────────┬──┬──┐
│                │  │  │
└────────────────┴──┴──┘
 └──すべて 0──┘  └FR の値
```

　ウ．PC の内容は（SP）－3 番地に退避される．
　エ．SP の内容から 3 をアドレス減算する．
　オ．次に示す割込みに対応したメモリの内容が PC に設定される．

| メモリアドレス | |
|---|---|
| SVC メモリ → 6 番地 | |
| 内部エラー → 7 番地 | |
| 割込み 0 → 8 番地 | |
| 割込み 1 → 9 番地 | |
| 割込み 2 → 10 番地 | |
| 割込み 3 → 11 番地 | |
| 割込み 4 → 12 番地 | |
| 割込み 5 → 13 番地 | |
| 割込み 6 → 14 番地 | |
| 割込み 7 → 15 番地 | |

(2) データバスは，パリティビットを持っている．データ書込み時に，偶数パリティを付加し，読込み時に，パリティを検査する．
　パリティエラー（内部エラー）による内部割込みは，ほかのすべての割込みより優先度が高く，割込み許可／禁止状態にかかわらず割込みが発生する．PC の内容はメモリの 7 番地の内容になる．

(3) I/O の機能
① アクセスできる I/O アドレスは，0 番地から 255 番地までである．I/O のバスは，メモリのバスと共用しているが，どちらになるかは I/O かメモリかを示す制御信号によって区別される．
② I/O は，MPU にデータを転送するとき，偶数パリティを付加する．
③ I/O アドレスは，アドレスバスの下位 8 ビットに出力され，上位 8 ビットには 0 が出

力される.

(4) リセット機能

外部からリセット信号が入力されると，次の動作をする.
① 割込み禁止状態になる.
② 割込み要求保持は，すべてクリアされる.
③ FR の値が 0 になる.
④ 割込みマスクレジスタの内容が ♯ FF00（16 進数）になる.
⑤ 0 番地から実行を開始する.

### 4.2 追加命令

COMET に追加する命令およびその機能を示す．命令はアセンブラの表記法で記述する.

| 追加命令 | 書き方 | | 追加命令の説明 |
|---|---|---|---|
| | 命令コード | オペランド | |

(1) 入出力命令

| I/O 入力<br>INPUT | INPUT | I/Oadr | I/Oadr で示した I/O ポートの内容を GR0 に入力する．* |
| I/O 出力<br>OUTPUT | OUTPUT | I/Oadr | GR0 の内容を I/Oadr で示した I/O ポートへ出力する．* |

（＊） I/Oadr…I/O アドレスを示すラベル名または 10 進定数（ただし，0 ≦I/Oadr≦ 255 とする．）

(2) 割込み制御

| 割込み許可<br>Enable Interrupt | EI | | 命令実行後，ただちに割込み許可状態にする． |
| 割込み禁止<br>Disable Interrupt | DI | | 命令実行後，ただちに割込み禁止状態にする． |
| 割込みからのリターン<br>RETurn from Interrupt | RETI | | (SP) の番地を PC に，(SP)＋1 番地の下位 3 ビットの内容を FR に，(SP)＋2 番地の内容を GR0 に入れ，SP の内容に 3 をアドレス加算する． |

(3) マスクレジスタ制御

| マスクレジスタのロード<br>LoaD Mask register | LDM | GR | MR の内容を GR に設定する．<br>GR の下位 8 ビットには 0 が入る． |
| マスクレジスタのストア<br>STore Mask register | STM | GR | GR の内容を MR に設定する．<br>GR の下位 8 ビットは無視される． |

(4) スーパバイザコール

| スーパバイザコール<br>SuperVisor Call | SVC | | GR0 の内容を (SP)－1 番地に格納し，FR の内容を (SP)－2 番地の下位 3 ビットに格納する．PC の現在値に 2 をアドレス加算した値を (SP)－3 番地に格納し，SP の内容から 3 をアドレス減算した後，6 番地で示されるアドレスに分岐する．命令実行後，ただちに割込み禁止状態にする． |

(参考) COMETの機能ブロック図例

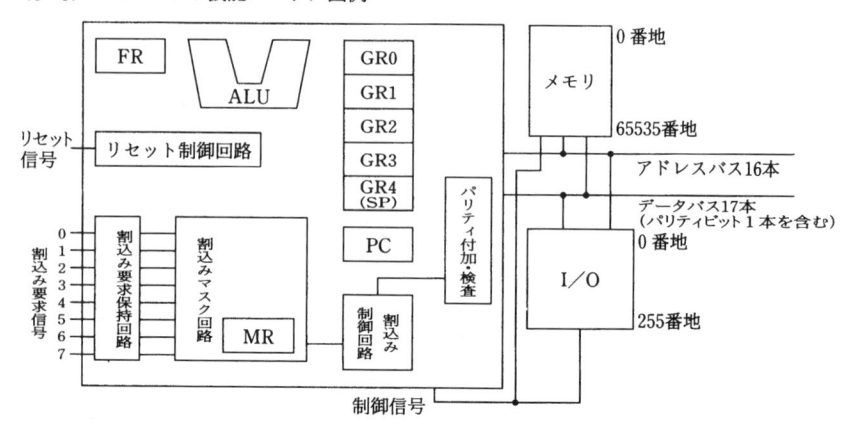

[図: COMETの機能ブロック図 — FR, ALU, GR0〜GR4(SP), PC, MR, リセット制御回路, 割込み要求保持回路, 割込みマスク回路, 割込み制御回路, パリティ付加・検査, メモリ(0番地〜65535番地), I/O(0番地〜255番地), アドレスバス16本, データバス17本(パリティビット1本を含む), リセット信号, 割込み要求信号0〜7, 制御信号]

(5) その他

| ノップ<br>No OPeration | NOP | 何もしない. |
|---|---|---|

## 5 アセンブラ言語 CASL の拡張仕様

アセンブラ言語 CASL に追加する擬似命令は,次のとおりである.

### 5.1 追加擬似命令

(1) SECT

　　　記述形式　セクション名　SECT　属性

SECT 命令から,END 命令または次の SECT 命令の直前までをセクションという.セクション名はラベルの規則に従うが,ラベルに使用した名前を使用してもエラーとはならない.属性には次の指定が可能である.この属性は,プログラム実行時にオペレーティングシステムが利用することもできる.

　　　CODE　：命令領域のセクション
　　　DATA　：データ領域のセクション
　　　STACK：スタック領域のセクション

SECT 命令によって定義されなかったプログラム部分には,
　　　CODE　SECT　CODE
が指定されたと見なす.

(2) START

　　　記述形式　START　実行開始番地

START命令は，セクションの始めに記述し，プログラム全体で1回だけ使用できる．START命令は，実行開始番地を示すものでプログラムの実行開始番地のラベル名を記述する．START命令を省略したときは，プログラムの先頭番地が実行番地になる．
  (3) GLOBL
      記述形式　GLOBL　ラベル名[，ラベル名，…，ラベル名]
  CASLのアセンブラでアセンブルする単位をモジュールという．GLOBL命令は，他のモジュールから参照されるラベルであることを宣言する擬似命令である．ラベル名は複数個書くことができる．
  (4) EXTRN
      記述形式　EXTRN　ラベル名[，ラベル名，…，ラベル名]
  EXTRN命令は，他のモジュールでGLOBL宣言されているラベルを参照することを宣言する擬似命令である．ラベル名は複数個書くことができる．
  (5) EQU
      記述形式　ラベル　EQU　定数
  記述した定数（文字定数を除く）をラベルに割り付ける．

## 6　アセンブラの機能拡張

CASLのアセンブラに追加する機能は，次のとおりである．

### 6.1　再配置可能なオブジェクトプログラムの生成
次に示すCASLLINKの入力となる再配置可能なオブジェクトプログラムを出力する．

### 6.2　CASLの拡張仕様の使用方法
次に示すCASLLINKを使用するとき，前述「5．アセンブラ言語CASLの拡張仕様」を使用できるようになる．

### 6.3　ラベルの処理
EXTRN宣言されていないラベルが，同一モジュール内で定義されていないときはエラーとなる．

## 7　リンカCASLLINKの仕様

CASLLINKは，CASLのアセンブラが作成した複数のオブジェクトプログラムを結合し，配置番地を決定して，1つの実行可能なプログラムを作成する．

### 7.1　セクションの結合方法
  (1) CASLLINKは，複製のオブジェクトプログラムの中から同一属性で同一名のセクションを探し出して，それらを結合する．

(2) START命令が複数回出現した場合は，エラーとなる．

## 7.2 配置番地の割付け方法

CASLLINKは，次の規則に従ってオブジェクトプログラムに配置番地を割り付ける．
(1) 各セクション単位に，その配置番地を指定できる．
(2) 結合したセクション内のGLOBLラベル名とEXTRNラベル名の整合関係を確認し，配置番地を計算する．
(3) 結合したオブジェクトプログラム内でGLOBL宣言された同一のラベル名が複数個あるときは，エラーとする．

(参考)
CASLLINKによって作成されたプログラムは，オペレーティングシステムによって実行することもでき，ROM化して実行させることもできる．

# 問題の解答

問題 1.1  a カ   b ウ   c オ   d コ   e ケ   f エ
問題 2.1  制御プログラム，言語処理プログラム，サービスプログラム，アプリケーションプログラム
問題 2.2  信頼性 (reliability)，可用性 (availability)，保守性 (serviceability) を表す．
問題 3.1  110000.101
問題 3.2  ① $0.625_{10}=0.101_2=0.5_8=0.A_{16}$
　　　　　② $0.65625_{10}=0.10101_2=0.52_8=0.A8_{16}$
　　　　　③ $683_{10}=1010101011_2=1253_8=2AB_{16}$

問題 3.3

|   | 0111 | 10011.11 | 11111111 |
|---|------|----------|----------|
| 1の補数 | 1000 | 01100.00 | 00000000 |
| 2の補数 | 1001 | 01100.01 | 00000001 |

問題 3.4  $-128 \sim +127$    $-99_{10}=10011101$
問題 3.5  $\boxed{01000010110001101110011001100110}$
問題 3.6  ゾーン形式  $\boxed{00110001001110010011010011010110}$
　　　　　パック形式  $\boxed{00000001100101000110 1101}$
問題 3.7  JIS 8ビットコード   01011001010100110011000100110001
　　　　　EBCDIC コード     11101000111000101111000111110001

問題 3.8

| データ | $b_6$ | $b_5$ | $b_4$ | $b_3$ | $b_2$ | $b_1$ | $b_0$ |
|---|---|---|---|---|---|---|---|
| 0 | 0 | 0 | 0 | 0 | 0 | 0 | 0 |
| 1 | 1 | 1 | 0 | 1 | 0 | 0 | 1 |
| 2 | 0 | 1 | 0 | 1 | 0 | 1 | 0 |
| 3 | 1 | 0 | 0 | 0 | 0 | 1 | 1 |
| 4 | 1 | 0 | 0 | 1 | 1 | 0 | 0 |
| 5 | 0 | 1 | 0 | 0 | 1 | 0 | 1 |
| 6 | 1 | 1 | 0 | 0 | 1 | 1 | 0 |
| 7 | 0 | 0 | 0 | 1 | 1 | 1 | 1 |
| 8 | 1 | 1 | 1 | 0 | 0 | 0 | 0 |
| 9 | 0 | 0 | 1 | 1 | 0 | ⓪ | 1 |
| 10 | 1 | 0 | 1 | 1 | 0 | 1 | 0 |
| 11 | 0 | 1 | 1 | 0 | 0 | 1 | 1 |
| 12 | 0 | 1 | 1 | 1 | 1 | 0 | 0 |
| 13 | 1 | 0 | 1 | 0 | 1 | 0 | 1 |
| 14 | 0 | 0 | 1 | 0 | 1 | 1 | 0 |
| 15 | 1 | 1 | 1 | 1 | 1 | 1 | 1 |

218 ―――― 問題の解答

**問題 4.1**

| $p$ | $q$ | $\bar{p}$ | $\bar{q}$ | $p+q$ | $\overline{p+q}$ | $\bar{p}\cdot\bar{q}$ | $p\cdot q$ | $\overline{p\cdot q}$ | $\bar{p}+\bar{q}$ |
|---|---|---|---|---|---|---|---|---|---|
| 0 | 0 | 1 | 1 | 0 | 1 | 1 | 0 | 1 | 1 |
| 0 | 1 | 1 | 0 | 1 | 0 | 0 | 0 | 1 | 1 |
| 1 | 0 | 0 | 1 | 1 | 0 | 0 | 0 | 1 | 1 |
| 1 | 1 | 0 | 0 | 1 | 0 | 0 | 1 | 0 | 0 |

**問題 4.2** $u=q\cdot(\bar{p}+\bar{r})$

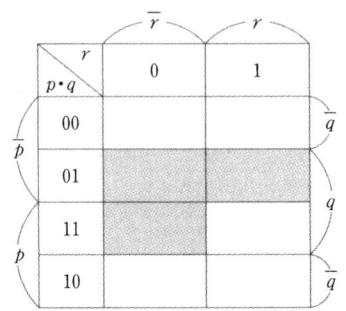

**問題 4.3** 主加法標準形 $u=\bar{p}\cdot q\cdot r+p\cdot\bar{q}\cdot r+p\cdot q\cdot\bar{r}+p\cdot q\cdot r$

主乗法標準形 $u=(p+q+r)\cdot(p+q+\bar{r})\cdot(p+\bar{q}+r)\cdot(\bar{p}+q+r)$

**問題 4.4**

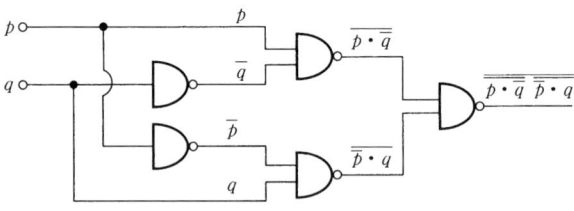

**問題 4.5**

| $p$ | $q$ | $u$ |
|---|---|---|
| 0 | 0 | 0 |
| 0 | 1 | 1 |
| 1 | 0 | 1 |
| 1 | 1 | 1 |

**問題 4.6** $x_0=\bar{p}\cdot\bar{q}$  $x_1=\bar{p}\cdot q$  $x_2=p\cdot\bar{q}$  $x_3=p\cdot q$

問題の解答 ─── 219

問題 4.7 　$Q_{n+1} = \bar{R}_n \cdot \bar{S}_n \cdot Q_n + \bar{R}_n \cdot S_n \cdot \bar{Q}_n + \bar{R}_n \cdot S_n \cdot Q_n$
　　　　　　　　$= \bar{R}_n \cdot Q_n + \bar{R}_n \cdot S_n \cdot \bar{Q}_n$
　　　　　　　　$= \bar{R}_n \cdot (Q_n + S_n \cdot \bar{Q}_n)$
　　　　　　　　$= \bar{R}_n \cdot (Q_n + S_n)$　　　（表 4.4 の 8 より）
　　　　　　　　$= \bar{R}_n \cdot Q_n + \bar{R}_n \cdot S_n$
　　　　　　　　$= \bar{R}_n \cdot Q_n + S_n$　　　（∵ $\overline{R_n \cdot S_n} = 1$ より）

問題 4.8 　3 ビット 2 進カウンタは，入力パルスが入るごとに 000，001，010…というように数えていくものである．すなわち，第 0 ビット目は入力パルスが入るごとに "0" と "1" が交替する．

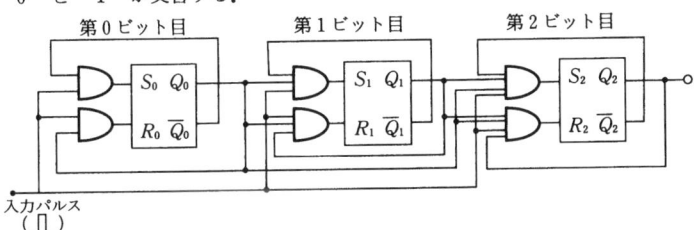

問題 5.1 　a　ウ　　b　カ　　c　オ　　d　ク
問題 5.2 　a　カ　　b　オ　　c　イ　　d　ケ　　e　ウ　　f　エ
問題 5.3 　a　オ　　b　イ　　c　カ　　d　ア　　e　エまたはク
問題 5.4 　イ，エ，カ
問題 5.5 　1 レコードの長さは 512/32=16 mm，BF=$x$ とすると，
　　　　　$720000/(16x+15) \geq 40000/x$
　　　　　$x \geq 7.5$
　　　　　∴　$x=8$
問題 5.6 　データ転送速度＝テープ速度×記録密度
　　　　　　　　　　　　　$= 320 \times 10^3$ バイト/秒
　　　　　約 250,000 件
　　　　　読み取り時間　144 秒　（720/5＝144 秒）
問題 5.7 　28
問題 5.8 　0.74
問題 5.9 　$1024 \times 768 \times 3 \times 2 = 4.5$ MB
問題 5.10 　ア　bps (bit per second)
　　　　　　イ　cps (character per second)　プリンタの 1 秒間に印字できる文字数
　　　　　　ウ　dpi (dot per inch)
　　　　　　エ　ppm (page per minuite)　1 分間にプリントできる枚数
問題 6.1 　ハブ
問題 6.2 　ア　変調　　イ　復調
問題 6.3 　省略

**問題 6.4**　a イ　　b ウ　　c オ　　d ア　　e エ

**問題 7.1**　式 (7.4) において $n=4$, $m=2$ とすると

$$W_s = \sum_{i=0}^{2} {}_4C_{4-i} \times 0.89^{4-i}(1-0.89)^i$$
$$= {}_4C_4 \times 0.89^4(1-0.89)^0 + {}_4C_3 \times 0.89^3(1-0.89)^1 + {}_4C_2 \times 0.89^2(1-0.89)^2$$
$$= 0.89^4 + 4 \times 0.89^3 \times 0.11 + 6 \times 0.89^2 \times 0.11^2$$
$$= 0.9951$$

**問題 7.2**　タイムスライシング

タスク管理により複数のタスクに CPU 時間を均等に配分する．

**問題 7.3**　4

**問題 8.1**

```
EX01    START
        LEA     GR1, 2
        LEA     GR2, 1
        ST      GR2, WORK
        SUB     GR1, WORK
        EXIT
WORK    DS      1
        END
```

# 演習問題の解答

1.1  a ウ   b ケ   c カ   d コ   e ア   f ク   g エ
1.2  a ウ   b イ   c オ   d ア   e エ
1.3  a ウ   b ウ   c ア   d イ   e エ   f カ
     g エ   h オ   i イ   j エ   k エ   l ア
2.1  入力機能，出力機能，記憶機能，制御機能，演算機能
2.2  コンピュータシステムとは EDPS とも呼ばれ，コンピュータを構成する5大機能が緊密な関連を持ちつつ，統一がとられた有機的な結合がなされて1つのシステムが形成されている．
2.3  フローチャートがあることにより，プログラムの論理構造が明確になり，保守が行いやすい．また，アルゴリズムや論理を視覚的に表すためにミスが発見しやすい．
2.4  複数のオブジェクト・モジュールを統合し，主記憶装置にロードできるように編集するプログラムである．
2.5  a オ   b コ   c エ   d ウ   e ア   f カ
3.1  a イ   b エ   c エ   d ア   e オ   f ウ
     g カ   h オ
3.2  a ア   b エ   c ア   d イ   e イ
3.3  a ア   b ウ   c エ   d イ   e ア   f ア
     （c＝イ，d＝エでもよい）
3.4  a ケ   b ク   c コ   d オ   e カ   f イ
     g ア   h ウ   i エ   j キ
3.5  a ア   b カ   c オ   d ア   e ア   f イ
3.6  a イ   b ア   c オ   d キ   e イ   f ア
4.1  a エ   b ア   c ウ   d カ   e ア   f ア
     g ウ   h ア   i カ   j ア
4.2  a イ   b オ   c ア   d ウ   e エ   f イ
     g エ   h ア   i オ   j ウ
4.3  a エ   b ウ   c エ
4.4  a ウ   b カ   c ア   d イ   e ケ
5.1  a イ   b イ   c イ   d オ   e カ   f ク
5.2  a キ   b ウ   c イ   d ア   e ウ   f エ
     g エ   h ア   i ウ
5.3  a ク   b キ   c イ   d オ

5.4　a　20　　b　10　　c　45　　d　15　　e　60　　f　60
　　　g　45　　h　45
5.5　DMA方式では，CPUが入出力命令によりチャネルプログラムを作動させた後は，データの転送はチャネルにより，メインメモリと入出力装置間で直接通信が行われる．

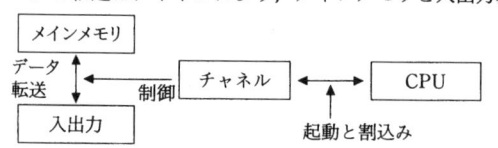

```
       ┌─メインメモリ─┐
データ  ↑           │
転送   │   ┌──制御──→┌─────┐
       ↓   │         │チャネル│←─────→│CPU│
       ┌─入出力───┘└─────┘   起動と割込み
```

5.6　ア　米国のヒューレットパッカード社が計測器とパソコン接続するために規定したものである．双方向で，かつ，パラレル転送が可能．
　　　イ　コンピュータとモデムを接続するためのもので，シリアル・双方向転送が可能．
　　　ウ　プリンタとパソコンの接続に用いられ，パラレル・片方向の転送．
　　　エ　主にパソコンとハードディスクなどのデータ転送に用いられ，パラレル・双方向の転送ができ，高速である．
5.7　絵や写真などの画像データをコンピュータに取り込む装置．入力されたデータは画像イメージであるが，その中の文字はOCRソフトにより文字データに変換できる．
5.8　256色は8ビット表現できる．したがって，1ドットあたり1バイトとなる．
　　　ドット数　160×240＝38400
　　　1秒間では，この画像が15枚必要
　　　∴　38400×15＝576000バイト/秒
　　　∴　576000バイト/秒＝4.6Mビット/秒
6.1　a　キ　　b　カ　　c　ア　　d　ウ　　e　ク　　f　ク
　　　g　コ　　h　ケ　　i　イ　　j　エ
6.2　a　ア　　b　カ　　c　オ　　d　キ　　e　ケ
6.3　I部はデータ，FCS部はCRC方式により誤りを制御するフィールド．FCS (Frame Check Sequence)
6.4　回線の本数を$x$とすると　　$50×100000×8/(64000×0.6×x)<60$
　　　$x>17.36$
　　　最低18本用意する．
7.1　1　B　　2　C　　3　A
7.2　a　ア　　b　エ　　c　イ　　d　オ　　e　ウ
7.3　ア，イ，オ
7.4　99.8
7.5　省略
8.1　a　ア，イ，ウ　　b　ア　　c　ア
8.2　(1)　LD　GR3, LENG
　　　(2)　LD　GR1, C0
　　　(3)　ST　GR2, INBUF, GR1

# 参考文献

[1] 柴山潔著『コンピュータアーキテクチャの基礎』近代科学社 (1999).
[2] 浦昭二・市川照久著『情報処理システム入門』サイエンス社 (1999).
[3] 小松原実著『コンピュータと情報科学』ムイスリ出版 (1999).
[4] 長浜正道・犬伏雄一・大津博著『図解合格マニュアル第1種情報処理試験』通産資料調査会 (1998).
[5] 日経BP社出版局編『日経BPデジタル大辞典』日経BP社 (1999).

# 事項索引

## 数字

2 out of 5 コード　45
2進カウンタ　86
2進化10進コード　45
2進数　31
2進法　31
5大機能　18
8進数　36
10BASE 2　151
10BASE 5　151
10BASE F　151
10BASE-T　150
10進法　32
16進数　36
100BASE　151
100BASE-TX　152
8421コード　45

## アルファベット

AI　12
ANSI　49
ARPANET　142,161
ASCIIコード　49
BASIC　5
BCDコード　45
BF　116
BOT　116
BPI　116
bps　151
C　5
C++　5
CASL　185
CCITT　49
CCU　143
CD-R　125
CD-ROM　124
CD-RW　125
CISC　21
CIX　162
CMOS　105
COBOL　5
COMET　185
CPU　18,91
CRC　156
CRCコード　52
CRT　133
CSMA/CD　151
CSMA/CD方式　155
CTS　161
DB　159
DCD　161
DCE　146
DDX　148
DMA　140
DNS　163
DPBX　150
DRAM　104
DSR　161
DSTN　135
DSU　144,149
DTE　146
DTR　161
DVD　125
Dフリップ・フロップ　83
EBCDICコード　48

| | | | |
|---|---|---|---|
| EDPS | 19 | MACアドレス | 152, 168 |
| EDSAC | 9, 10 | MICR | 136 |
| EDVAC | 9, 10 | MIPS | 177 |
| EEPROM | 104 | MO | 124 |
| EIA | 159 | MODEM | 144 |
| ENIAC | 1, 10 | MOS | 104 |
| EOR | 61, 68, 69 | MSD | 32 |
| EOT | 116 | MTBF | 178 |
| EPROM | 104 | MTTR | 178 |
| EUC | 14 | NAND | 61, 69 |
| FIFO | 191 | NCU | 144 |
| FORTRAN | 5 | NFP | 106 |
| GND | 161 | NMOS | 105 |
| GR | 187 | NOC | 165 |
| HDLC手順 | 145, 156 | NOR | 61, 69 |
| HTML | 164 | NSP | 162 |
| HTTP | 164 | n形半導体 | 70 |
| IBG | 116 | OCR | 130 |
| IBM | 9 | OS | 7, 26 |
| IC | 11, 70 | OSI | 154 |
| ICOT | 13 | PBX | 150 |
| ICメモリ | 103 | PCS | 9 |
| IDP | 141 | PCサーバ | 20 |
| IEEE | 150 | PDA | 20 |
| IPL | 104 | PL/I | 5 |
| IPv6 | 163 | PMOS | 105 |
| IPアドレス | 162 | POP | 192 |
| IPマルチキャスト | 166 | POP3サーバ | 168 |
| ISDN | 149 | POS端末 | 136 |
| ISO | 49, 154 | PROM | 104 |
| JIS | 22 | PUSH | 192 |
| JKフリップ・フロップ | 83 | p形半導体 | 70 |
| JUNET | 142, 162 | RAS | 27 |
| LAN | 146, 150 | RASIS機能 | 178 |
| LANボード | 152 | RAS機能 | 177 |
| LEDプリンタ | 133 | RISC | 21 |
| LIFO | 191 | ROM | 104 |
| LSD | 32 | RPG | 28 |
| LSI | 12, 103 | RS-232C | 159 |

事項索引 ———— 227

| | |
|---|---|
| RTS | 161 |
| RXD | 161 |
| RSフリップ・フロップ | 81 |
| SCSI | 121 |
| SE | 22 |
| SMTPサーバ | 168 |
| SP | 188 |
| SRAM | 104 |
| STN | 135 |
| SVGA | 135 |
| SYNコード | 145 |
| TA | 149 |
| TCP/IP | 154 |
| TFT | 135 |
| TXD | 161 |
| Tフリップ・フロップ | 83 |
| UDP | 165 |
| URL | 164 |
| UUCP | 162 |
| VAN | 142 |
| VAN事業者 | 156 |
| VGA | 135 |
| VLSI | 12, 103 |
| VRAM | 135 |
| WAN | 146, 181 |
| Web | 164 |
| WWW | 164 |
| XGA | 135 |
| XR | 188 |
| XYプロッタ | 136 |

## ア

アクセスアーム　120
アクセス時間　102, 105
アセンブラ　5
アセンブリ言語　4
アセンブル　5
アドレス部　93
アナログ　2

アプリケーションゲートウェイ　169
アプリケーション層　154
アプリケーションプログラム　28
網制御装置　144
アルゴリズム　22
アンパック形式　47

## イ

イーサネット　151
位相変調　144
一致回路　76
イメージスキャナ　131
インクジェットプリンタ　132
印字装置　131
インストラクションレジスタ　93, 189
インターネット　142, 161
インタプリタ　28
インタフェース　129
イントラネット　162
インパクトプリンタ　131
インフラストラクチャ　153

## ウ

ウィルクス　10

## エ

エイケン　9
液晶ディスプレイ　135
液晶プリンタ　133
エッカート　10
エンコーダ　76
演算装置　18

## オ

応答時間　27, 177
オフィス・コンピュータ　20
オブジェクト・モジュール　26
オフラインシステム　173
オペランド　196

# 事項索引

オペレーティングシステム　7, 26
重み　45
音声応答装置　138
音声合成装置　138
音声入力装置　138
オンライン　142
オンラインシステム　141, 173
オンライン・リアルタイム処理　180

## カ

階差機関　9
解析機関　9
回線交換　148
下位層　155
階層　154
解像度　135
回転待ち時間　121
解読器　78, 93
外部割込み　92
開放型システム間相互接続　154
書き込み許可リング　118
拡張2進化10進コード　48
仮数部　44
仮想記憶　127
稼働率　178
可変語長　42
可用性　178
カルノー図　62, 63
間接アドレス　97

## キ

偽　59
記憶階層　127
記憶装置　18, 102
機械語　4
機械語命令　193
機械チェック割込み　92
機械向き言語　4
記号アドレス　95

疑似命令　192
基数　32
奇数パリティチェック　51
キックス　162
基底アドレス　96
基底レジスタ　100, 189
ギブソンミックス　177
キャッシュメモリ　105, 126
キャラクタ同期　145

## ク

偶数パリティチェック　51
組み合せ回路　74
クライアント　153
クライアント／サーバシステム　153, 181
位取り記数法　32
クラス　166
クラスA　166
クラスC　166
クロック周波数　177
クロックパルス　80

## ケ

桁移動　41
ゲート　105
ゲートウェイ　152
言語処理プログラム　28
原始言語　5

## コ

光学文字読み取り装置　130
交換回線　144
高水準言語　5
構内交換機　150
語長　42
固定語長　42
固定小数点数　42
固定ディスク形　122

| | | | | |
|---|---|---|---|---|
| コーディング | 22 | | システム資源 | 27 |
| コード | 4 | | 実効アドレス | 94 |
| コマーシャルミックス | 177 | | 実行段階 | 92 |
| コンセントレータ方式 | 147 | | 指標レジスタ | 94,98 |
| コンテンション方式 | 155 | | シフト | 41,84 |
| コンパイラ | 5 | | シフトレジスタ | 85 |
| コンパイラ言語 | 5 | | 時分割処理 | 180 |
| コンパイル | 5 | | シャノン | 59 |
| コンピュータ | 1 | | 周波数変調 | 144 |
| コンピュータ・アーキテクチャ | 6 | | 周辺装置 | 19,130 |
| コンピュータシステム | 19 | | 16進数 | 36 |
| コンフォーマンステスト | 155 | | 主加法標準形 | 66 |
| | | | 主記憶装置 | 19,102 |
| **サ** | | | 主乗法標準形 | 66 |
| サイクリックチェック | 52 | | 10進法 | 32 |
| サイクル時間 | 105 | | 出力装置 | 18,130 |
| 最小項 | 66 | | 主プログラム | 189 |
| 最小万能演算系 | 67 | | 順序回路 | 74,80 |
| 再生 | 104 | | 順編成ファイル | 113 |
| 最大項 | 66 | | ジョイスティック | 134 |
| 再配置 | 100 | | 上位層 | 155 |
| サーバ | 153 | | 情報 | 1 |
| サービスプログラム | 28 | | 情報処理 | 1 |
| サブネットマスク | 167 | | ジョセフソン効果 | 106 |
| サブネットワーク | 167 | | ジョセフソン素子 | 107 |
| サブルーチン | 189 | | ジョブ | 28,179 |
| サーマルプリンタ | 132 | | 処理能力 | 27 |
| | | | シリアルプリンタ | 132 |
| **シ** | | | シリンダ | 120 |
| ジェネレータ | 28 | | 真 | 59 |
| 磁気コア | 11,103 | | 人工知能 | 12 |
| 磁気ディスク装置 | 119 | | 振幅変調 | 144 |
| 磁気バブル | 107 | | シンプレックスシステム | 174 |
| シーク | 121 | | 真理値表 | 60 |
| シーク時間 | 121 | | | |
| 資源 | 27 | | **ス** | |
| 自己相対アドレス指定 | 99 | | スター型 | 150 |
| 指数部 | 44 | | スタック | 189 |
| システム・エンジニア | 22 | | スタック・ポインタ | 188,190 |

スタティックRAM　　104
ストレージ　　102
スーパー・コンピュータ　　20
スーパーバイザ　　27
スーパーバイザコール　　93
スループット　　177

## セ

制御装置　　18
制御プログラム　　27
正論理　　73
セクタ　　123
セッション層　　154
絶対アドレス　　95
セル・リレー　　153
全加算器　　74
センタバッチ処理　　179
セントロニクス　　132
全二重通信　　147
専用回線　　144

## ソ

相似　　3
相対アドレス　　96
即値アドレス　　96
ソース　　105
ソース・プログラム　　5
ソフトコピー　　131
ソフトウェア　　6
ゾーン10進数　　46
ゾーン部　　46

## タ

第一種電気通信事業者　　156
第二種電気通信事業者　　156
ダイナミックRAM　　104
タイム・シェアリング処理　　180
ダイヤルアップIP接続　　165
ダイレクトブロードキャスト　　166

ダウンサイジング　　173
多重プログラミング　　139
タブレット　　134
ターミナルアダプタ　　149
ターン・アラウンド・タイム　　177
タンデムシステム　　176
端末装置　　130

## チ

逐次処理　　179
逐次制御　　91, 188
チャネル　　138
チャネル・コマンド　　138
チャネル・プログラム　　138
中央処理装置　　18, 91
調歩同期　　145
調歩同期式　　156
直接アドレス　　97
直接編成ファイル　　114
直列レジスタ　　84

## ツ

ツイストペア線　　146
通信規約　　143
通信制御装置　　143

## テ

底　　44
ディスクパック形　　122
ディスケット　　122
デコーダ　　78
デジタル　　3, 31
デジタル回路　　59
デジタルPBX　　150
データ通信システム　　141
データ転送時間　　121
データベース　　159
データリンク層　　154
デバッグ　　23

事項索引 ── 231

デュアルシステム　　174
デュプレックスシステム　　174
電荷結合デバイス　　106
電気通信事業法　　156
電子商店街　　162
電子商取引　　162

ト

同期　　80,145
同期回路　　80
同軸ケーブル　　146
トークン　　151
トークンパッシング　　151
トークン方式　　155
ドット　　135
ドットインパクトプリンタ　　132
ドメイン　　165
ドメイン・ネーム・サーバ　　163
ドメイン・ネーム・システム　　163
ドメイン名　　163
ド・モルガンの定理　　63
トラック　　116
トラック番号　　120
トランシーバ　　152
トランスポート層　　154
ドレイン　　105

ナ

内部記憶装置　　102
流れ図　　22

ニ

ニモニック　　196
入出力装置　　129
入出力割込み　　93
入力装置　　18,130

ネ

ネットワーク・アーキテクチャ　　155

ネットワークシステム　　141
ネットワーク制御プログラム　　143
ネットワーク層　　154

ノ

ノード　　154
ノンインパクトプリンタ　　131

ハ

媒体　　143
排他的論理和　　61,68
バイト　　42
ハイパーテキスト　　164
パイプライン方式　　94
ハイブリッド　　3
バイポーラ形　　105
パケット交換　　148
パケットフィルタ　　169
バーコードリーダ　　137
バス　　185
バス型　　151
パスカル　　8
バースト誤り　　52
パソコン通信　　158
パーソナル・コンピュータ　　20
パターン認識　　130
パック10進数　　46
バッチ処理　　174,179
ハードコピー　　131
ハードウェア　　6
ハブ　　150
バブルメモリ　　106
パベジ　　8
ハミングコード　　52
パリティチェック　　51
パリティビット　　51
パワーズ　　9
半加算器　　74
バンク　　106

パンチカード　　9
半導体　　70
半二重通信　　147
万能演算系　　66
汎用コンピュータ　　19
汎用レジスタ　　187

## ヒ

光ディスク　　124
光ファイバ　　146
光メモリ　　106
ビット　　31
ビット同期　　145
否定　　60
非同期回路　　80
非ブロック化　　116
ヒューマン・インタフェース　　145

## フ

ファイアウォール　　169
ファームウェア　　7
フェッチ　　94
フォン・ノイマン　　4
付加価値通信網　　142
復号器　　78
復調　　144
復調装置　　144
符号器　　76
物理層　　154
浮動小数点数　　42
ブラウザ　　162
フラグ・レジスタ　　188
フラッシュメモリ　　104
ブリッジ　　152
フリップ・フロップ　　80
ブール　　59
ブール代数　　59
フレキシブルディスク　　122
プレゼンテーション層　　154

フレーム　　151
フレーム同期　　145
フレームリレー　　153
プロキシサーバ　　169
プログラミング　　3
プログラム　　3
プログラムカウンタ　　93,188
プログラム内蔵方式　　4,91
プログラム割込み　　92
プロシージャ　　189
フロー・チャート　　22
ブロードキャストアドレス　　166
ブロック化　　116
ブロック化係数　　116
ブロック間隔　　116
フロッピーディスク　　122
プロトコル　　143,154
負論理　　73
分散処理　　173,181
文書化　　24

## ヘ

平均故障間隔　　178
平均シーク時間　　121
平均修理時間　　178
並列処理　　12
並列レジスタ　　84
ベーシック手順　　156
ページプリンタ　　132
ベース・アドレス指定　　100
変位　　96
ベン図　　62
変調　　144
変調装置　　144

## ホ

ボー　　144
ポインティングデバイス　　134
ポイント・ツー・ポイント方式　　147

事項索引 ━━━ 233

保守　22
補助記憶装置　19,102,113
補数　38
ボリューム　122
ポーリング／セレクティング方式　155
ホレリス　9

## マ

マイクロコンピュータ　12
マイクロ・プログラム　7
マイクロプロセッサ　19
マウス　134
マクロ命令　4,188,193
マスクROM　104
マルチドロップ方式　147
マルチ・プログラミング方式　181
マルチプロセッサシステム　175

## ミ

ミニ・コンピュータ　20

## ム

無手順　156

## メ

命題　59
命令　3
命令コード　187
命令部　93
命令ミックス　177
メインフレーム　19
メディア　143
メモリ　102
メモリアドレスレジスタ　94,189
メモリインタリーブ方式　106
メモリ・データ・レジスタ　189
メモリレジスタ　93
メールサーバ　168

## モ

目的プログラム　5,24
目的モジュール　24
モークリ　10
モジュール　24
モデム　144,159
モニタプログラム　27
問題向き言語　5

## ユ

有効長　116
ユーザプログラマブルROM　104
ユニバック　9
ユニポーラ形　105

## ラ

ライトペン　134
ライフ・サイクル　22
ライプニッツ　8
ラベル　196

## リ

リピータ　152
リフレッシュ　134
リモートバッチ処理　179
リング型　151

## ル

ルータ　152
ルーチン　189
ルーティング　152

## レ

レコード　116
レーザプリンタ　133
レジスタ　84,188
レジスタ・アドレス指定　97
連係編集プログラム　26

## ロ

ローカル・エリア・ネットワーク　150
ローカルブロードキャスト　166
ログ・アウト　168
ログ・イン　168
ロケーション　95
ローダ　26
ロード・モジュール　26
論理回路　59

論理関数　60
論理積　60
論理データ　50
論理変数　59
論理和　60

## ワ

ワーク・ステーション　20
ワード　42
割込み　92

## 著者紹介

大薮多可志（おおやぶ　たかし）
- 1973年　工学院大学大学院工学研究科修士課程修了
- 1975年　早稲田大学第二文学部英文学科卒業
- 現　在　金沢星稜大学地域経済システム研究科教授，工学博士
- 専　攻　情報科学，センサシステム工学，環境情報システム
- 著　者　『情報科学』(共著) 共立出版.
　　　　　『ワープロ・パソコン用語辞典』(監修) 成美堂.
　　　　　『やさしいオフィスパソコン活用法』(共著) 共立出版.
　　　　　『BASIC 入門　はじめてのパソコンプログラミング』(共著) 東海大学出版会.
　　　　　『コンピュータマネジメント』(共著) 共立出版.
　　　　　『化学センサとソフトコンピューティング』(共著) 海文堂.
　　　　　『センサエージェント』(共著) 海文堂.
　　　　　『プログラミング C & Java』(共著) 海文堂.

### コンピュータ・アーキテクチャ入門

2000年5月5日　第1版第1刷発行
2013年9月5日　第1版第4刷発行

|  |  |
|---|---|
| 著　者 | 大薮多可志 |
| 発行者 | 安達建夫 |
| 発行所 | 東海大学出版会 |
|  | 〒257-0003 |
|  | 神奈川県秦野市南矢名3-10-35 |
|  | 東海大学同窓会館内 |
|  | TEL：0463-79-3921　FAX：0463-69-5087 |
|  | 振替　00100-5-46614 |
|  | URL：http://www.press.tokai.ac.jp/ |
| 印刷所 | 港北出版印刷株式会社 |
| 製本所 | 株式会社積信堂 |

Ⓒ Takashi Oyabu, 2000.　ISBN978-4-486-01509-3
Ⓡ〈日本複製権センター委託出版物〉
本書の全部または一部を無断で複写複製（コピー）することは，著作権法上の例外を除き，禁じられています．本書から複写複製する場合は，日本複製権センターへご連絡の上，許諾を得てください．　　　　　日本複製権センター（電話 03-3401-2382）

## 大学生のためのコンピュータ入門テキスト
三木容彦 著　　　　　　　　　　　　　　　　　　　　　　　2940 円
計算の基本原理や理論から処理手順や方式までを解説．例題・問題および解答付き．

## 教養のためのコンピュータ概論
西尾出 監修／栗原嗣郎・竹本宜弘・山田知恵子 著　　　　　　　2310 円
短大および大学初年級で学ぶべき基礎的な知識を体系的にまとめた入門書．

## 情報処理概論
唐津一 監修／有賀正浩・加藤修一 著　　　　　　　　　　　　　3255 円
JIS 規格の基本概念を出発点に，情報処理の全体像を詳しく解説．

## システム工学の基礎
定方希夫 著　　　　　　　　　　　　　　　　　　　　　　　　2730 円
システムの概念やシステム構築のための手法を，具体例を使って実学として論述．

## PC-SAS による基礎統計学入門
新城明久 著　　　　　　　　　　　　　　　　　　　　　　　　2940 円
SAS の統計処理機能に焦点を当て，具体的な例題を通して統計処理を体得できるように記述．

## UNIX 入門―はじめて使う EWS
高橋隆男・田中真・金高大作・嶋村一美・菊池則孝 著　　　　　　2100 円
EWS とその OS である UNIX の仕組みと使用上のルールを，初学者向けにやさしく解説．

## ブール代数とその応用
成嶋弘・小高明夫 著　　　　　　　　　　　　　　　　　　　　2520 円
電子・情報・通信工学などへの具体例も示し，初学者でも理解できるようにやさしく解説．

## AutoLISP の初歩―AutoCAD を使いこなすために
岡島正夫 著　　　　　　　　　　　　　　　　　　　　　　　　2940 円
初学者を対象に，リスト処理，関数の取り扱いを通してプログラミングの基礎を解説．

表記の価格は 5％の消費税を含んでいます．価格は予告なく変更になる場合があります．